高等职业教育“十四五”系列教材

# 计算机应用基础项目实训教程

主　编　杨玉斌　战祥德　孙丰伟

副主编　赵海侠　张玉华　王　辉　钟大伟　孙　荣

中国水利水电出版社
www.waterpub.com.cn
·北京·

## 内 容 提 要

本书是根据高等职业教育教学的特点，基于系统化工作过程设计的实训教程，是与《计算机应用基础》配套的实训教材。本书主要包括认识计算机、Windows 7 系统安装与操作、计算机管理、大数据、人工智能、区块链、文字处理软件 Word 应用、电子表格软件 Excel 应用、演示文稿软件 PowerPoint 应用、绘图软件 Visio 应用 10 个实训项目。

本书既可作为高职高专院校计算机应用基础课程的实训教材，也可作为计算机等级考试及计算机应用职业资格培训的参考用书。

**图书在版编目（CIP）数据**

计算机应用基础项目实训教程 / 杨玉斌，战祥德，孙丰伟主编. -- 北京 : 中国水利水电出版社，2024. 7（2024.9 重印）. (高等职业教育“十四五”系列教材). -- ISBN 978-7-5226-2488-4

Ⅰ. TP3

中国国家版本馆 CIP 数据核字第 2024C1K557 号

策划编辑：石永峰　责任编辑：魏渊源　加工编辑：刘　瑜　封面设计：苏　敏

| | |
|---|---|
| 书　名 | 高等职业教育“十四五”系列教材<br>计算机应用基础项目实训教程<br>JISUANJI YINGYONG JICHU XIANGMU SHIXUN JIAOCHENG |
| 作　者 | 主　编　杨玉斌　战祥德　孙丰伟<br>副主编　赵海侠　张玉华　王　辉　钟大伟　孙　荣 |
| 出版发行 | 中国水利水电出版社<br>（北京市海淀区玉渊潭南路 1 号 D 座　100038）<br>网址：www.waterpub.com.cn<br>E-mail：mchannel@263.net（答疑）<br>sales@mwr.gov.cn<br>电话：（010）68545888（营销中心）、82562819（组稿） |
| 经　售 | 北京科水图书销售有限公司<br>电话：（010）68545874、63202643<br>全国各地新华书店和相关出版物销售网点 |
| 排　版 | 北京万水电子信息有限公司 |
| 印　刷 | 三河市鑫金马印装有限公司 |
| 规　格 | 184mm×260mm　16 开本　10 印张　256 千字 |
| 版　次 | 2024 年 7 月第 1 版　2024 年 9 月第 2 次印刷 |
| 印　数 | 3001—7000 册 |
| 定　价 | 30.00 元 |

# 前　言

本书是《计算机应用基础》配套的习题集和项目实训教材。本书面向高等职业院校，基于工作过程系统化的课程开发理念，采取“项目导向、任务驱动”的原则设计教学内容。书中配有大量习题，其中实训项目内容图文并茂，实训步骤详细、易学易懂。

全书共包括以下 3 个部分。

（1）项目实训是《计算机应用基础》中每个学习项目的配套实践内容，实训目标明确、内容完整、要求详细。

（2）习题部分有填空题、选择题、判断题、操作题、简答题 5 种类型，其中重点集中在 Word、Excel、PowerPoint 这 3 个学习项目上，相关题目是编者根据多年教学实践经验精心编写的，涉及面广且具有很强的代表性。

（3）参考答案分为两部分：教材答案和习题答案。

本书既可作为高职高专院校各专业计算机应用基础课程的实训教材，也可作为计算机等级考试及计算机应用职业资格培训的参考用书。

本书由杨玉斌、战祥德、孙丰伟担任主编，赵海侠、张玉华、王辉、钟大伟、孙荣担任副主编，由孙丰伟、孙荣统稿。

由于编者水平有限，书中难免有不当之处，敬请各位专家和广大读者批评指正。

编　者

2024 年 6 月

# 目　录

# 学习项目一　认识计算机

## 项目实训　选购学习用兼容机

### 一、实训目的

1．了解计算机的组成。
2．学会选购计算机的配件。
3．学会分析计算机配件的兼容性和性价比。

### 二、实训内容

1．选购 CPU。
2．选购主板。
3．选购内存。
4．选购硬盘。
5．选购光驱。
6．选购机箱电源。
7．选购键盘和鼠标。
8．选购显示器。

### 三、实训要求

1．选购 CPU。

除了以图形处理和三维动画设计为主的专业，一般专业对学习用计算机的 CPU 要求不是很高，只要选购中低端产品即可。

2．选购主板。

主板的选购除了性价比，还要注意和 CPU 的搭配，要根据 CPU 的接口和总线性能等参数选择主板。

3．选购内存。

由于不同品牌的内存性能和价格相差不大，所以选购内存时主要考虑容量和速度两个指标。

4．选购硬盘。

作为负责存储计算机数据的主要硬件，硬盘的可靠性最为重要，在性能指标里应优先考虑容量。

5．选购光驱。

为了方便刻录光盘，用户可以选购带有刻录功能的 DVD 光驱。

6．选购机箱电源。

选择机箱时主要考虑美观、坚固和材质。电源是维持计算机硬件正常运转的重要元器件，一定要保证额定功率大于所有硬件的耗电量总和。

7．选购键盘和鼠标。

键盘和鼠标是用户经常接触、操作的设备，选购时主要考虑舒适性和方便性。

8．选购显示器。

显示器是最为重要的外设，直接关系到计算机的视觉效果，为了防止长时间阅读引起的视觉疲劳，建议学生选择点距大的显示器。

## 四、实训总结

# 学习项目二　Windows 7 系统安装与操作

## 项目实训　使用资源管理器

### 一、实训目的

1．学会启动 Windows 资源管理器的方法。

2．学会 Windows 资源管理器的常用功能。

3．学会使用 Windows 资源管理器管理文件。

4．学会使用搜狗拼音输入法。

### 二、实训内容

1．启动 Windows 资源管理器。

2．创建文件夹和文件。

3．启动搜狗拼音输入法。

4．重命名文件夹和文件。

5．复制、剪切、粘贴、删除文件和文件夹。

6．排列文件和文件夹。

7．用不同方式查看文件和文件夹。

8．为文件和文件夹设置属性。

9．显示隐藏文件和系统文件并显示其扩展名。

### 三、实训要求

1．启动 Windows 资源管理器。

双击桌面上的“计算机”图标，打开“计算机”，然后单击工具栏上的“组织”列表，选择布局中的预览窗格选项，进入资源管理器。

2．创建文件夹和文件。

（1）在 C 盘根目录下创建名为 test 和 student 的文件夹。

（2）在 test 文件夹中创建名为 kaoshi 和 daan 的文本文件。

（3）在 student 文件夹中创建名为 fuxi 和 ziliao 的文本文件。

3．启动搜狗拼音输入法。

按 Ctrl+Shift 组合键调出搜狗拼音输入法。

4．重命名文件夹和文件。

（1）将刚刚创建的 test 文件夹重命名为“测验”，student 文件夹重命名为“学生”。

（2）将“测验”文件夹中的 kaoshi 文本文件重命名为“考试”，daan 文本文件重命名为“答案”。

（3）将“学生”文件夹中的 fuxi 文本文件重命名为“复习”，ziliao 文本文件重命名为“资料”。

5．复制、剪切、粘贴、删除文件和文件夹。

（1）将“学生”文件夹中的所有文件移动到“测验”文件夹中。

（2）将“测验”文件夹中的“考试”文件复制到“学生”文件夹中。

（3）删除“测验”文件夹中的“答案”文件。

6．排列文件和文件夹。

（1）将“学生”文件夹中的文件按照修改时间排序。

（2）将 C 盘根目录下的文件按照类型排序。

7．用不同方式查看文件和文件夹。

查看文件和文件夹的详细信息。

8．为文件和文件夹设置属性。

（1）为“测验”文件夹设置“隐藏”属性。

（2）为“学生”文件夹设置“只读”属性。

9．显示隐藏文件和系统文件并显示其扩展名。

（1）利用“文件夹选项”设置，让资源管理器显示所有文件，包括受保护的操作系统文件。

（2）利用“文件夹选项”设置，让资源管理器显示所有文件的扩展名。

## 四、实训总结

# 学习项目三　计算机管理

## 项目实训一　Windows 7 个性化设置

### 一、实训目的

1．掌握 Windows 7 操作系统主题和个性化设置方法。

2．培养运用所学知识解决实际问题的能力。

### 二、实训内容

1．设置计算机的主题和外观。

2．设置显示器的分辨率。

3．设置系统的桌面背景。

4．设置屏幕保护程序。

### 三、实训要求

1．将系统主题设置为“Windows 经典”。

2．将当前系统分辨率修改为 1024×768。

3．选取一张合适的图片设置为桌面背景，再修改图片位置选项值来调整背景最佳效果。

4．将系统屏幕保护程序修改为“照片”，图片位置为 Administrator 目录下“我的图片”中的图片，将幻灯片放映速度改为“快速”。

### 四、实训总结

________________________________________

________________________________________

________________________________________

________________________________________

________________________________________

________________________________________

________________________________________

________________________________________

________________________________________

# 项目实训二　管理计算机用户

## 一、实训目的

1．学习创建不同权限的计算机账户，实现多用户管理。
2．培养协同工作能力。
3．培养运用所学知识解决实际问题的职业技能。

## 二、实训内容

1．创建计算机的新账户。
2．为新账户设置密码。
3．切换计算机账户。

## 三、实训要求

1．创建新的计算机账户 XiaoLi。
2．将新账户设置为“受限用户”。
3．为 XiaoLi 账户创建密码 CX5678。
4．将计算机当前用户切换为 XiaoLi。

## 四、实训总结

# 学习项目四　大　数　据

## 项目实训　大数据技术

### 一、实训目的

1．理解大数据技术的本质与核心概念。

2．了解大数据的收集、处理、分析和应用过程。

3．提高实际操作能力。

4．加强对大数据行业发展的认知，准确地把握行业发展趋势。

### 二、实训内容

1．大数据定义。

2．大数据的特征。

3．大数据开发。

### 三、实训要求

1．大数据采集。

根据数据特点，明确采集工具，配置采集环境。根据采集规则和数据清洗规则，实现数据的抓取。

2．大数据预处理。

（1）对采集到的数据进行数据清洗，将脏数据清洗干净。

（2）将相互关联的分布式异构数据源集成到一起，能以透明的方式访问此数据源。

（3）将数据进行规约，从原有庞大数据集中获得一个精简的数据集合。

3．大数据存储与管理。

（1）将采集到的数据存储到数据库 MySQL 中。

（2）对采集到的数据进行数据聚合等处理分析。

4．大数据分析与挖掘。

采用统计分析方法，对收集来的大量数据进行分析，以求最大化地开发数据的功能，发挥数据的作用。

5．大数据可视化。

（1）使用图表等可视化工具，对处理后的数据进行可视化展示。

（2）将可视化的数据展示在网页中。

## 四、实训总结

# 学习项目五 人工智能

## 项目实训 人工智能核心技术

### 一、实训目的

1．了解人工智能技术。
2．掌握机器学习的算法。
3．了解人工神经元 MP 模型。
4．培养运用所学知识解决实际问题的能力。

### 二、实训内容

1．分析机器学习的四类算法。
2．分析人工神经网络的主要特征。

### 三、实训要求

1．分组讨论机器学习的四类算法。
2．根据算法特点，找出每种算法的典型案例应用。
3．对各种不同的机器学习算法进行比较，分析它们各自的适用场合。
4．分组讨论人工神经网络的主要特征。

### 四、实训总结

# 学习项目六　区　块　链

## 项目实训　区块链技术

### 一、实训目的

1. 了解区块链的概念。
2. 掌握区块链的特性。
3. 了解区块链的工作原理。
4. 了解区块链的应用领域。

### 二、实训内容

1. 讨论区块链发展历程，分析区块链不同版本的特点及应用领域。
2. 分析区块链的特性，对比传统技术与区块链技术的优缺点。

### 三、实训要求

1. 分组讨论区块链发展历程，分析不同版本的技术特点，列举区块链应用的典型案例。
2. 分组讨论区块链工作原理、找出区块链技术与传统技术的差异。

### 四、实训总结

# 学习项目七　文字处理软件 Word 应用

## 项目实训一　制作通知文档

### 一、实训目的

1．掌握 Word 软件环境各部分名称。
2．掌握文档创建、打开、保存等操作。
3．掌握文档内容编辑的各种方法。
4．掌握文档排版、预览、打印功能。

### 二、实训内容

1．启动 Word 2010，新建、打开、保存、关闭文档。
2．设置文字的字体、字号、字形、对齐方式。
3．设置行距、段间距、首行缩进、左右缩进。
4．文档预览、页面设置和打印设置的使用。

### 三、实训要求

1．在 Word 2010 中新建一个空白文档。
2．将“关于 2015 级学生校内转专业有关事项的通知-素材.docx”中的内容插入新建文档中。
3．页面设置采用 B5 纸张，上、下、左、右边距都是 2 厘米。
4．标题居中，文字为小二号、隶书、加粗。
5．正文为四号、华文仿宋字体，行距为固定值 22 磅。
6．每段开头首行缩进 2 个字符。
7．最后一行“教务处”几个字右对齐，插入当前日期，右对齐。
8．文档保存为“转专业通知.docx”。
9．制作后的效果如图 7-1 所示。

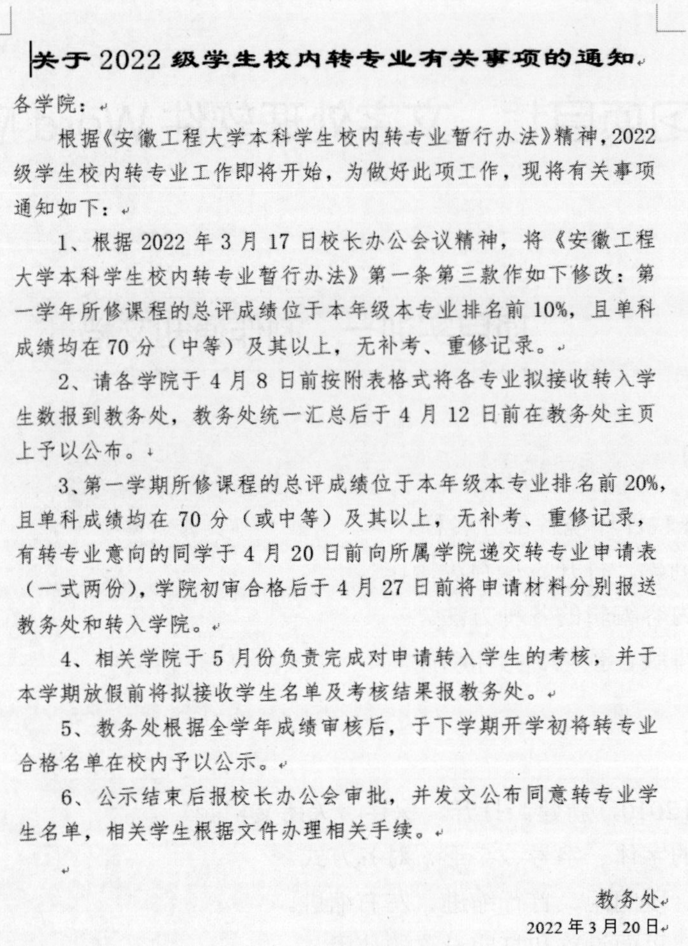

关于2022级学生校内转专业有关事项的通知

各学院：

根据《安徽工程大学本科学生校内转专业暂行办法》精神，2022级学生校内转专业工作即将开始，为做好此项工作，现将有关事项通知如下：

1、根据2022年3月17日校长办公会议精神，将《安徽工程大学本科学生校内转专业暂行办法》第一条第三款作如下修改：第一学年所修课程的总评成绩位于本年级本专业排名前10%，且单科成绩均在70分（中等）及其以上，无补考、重修记录。

2、请各学院于4月8日前按附表格式将各专业拟接收转入学生数报到教务处，教务处统一汇总后于4月12日前在教务处主页上予以公布。

3、第一学期所修课程的总评成绩位于本年级本专业排名前20%，且单科成绩均在70分（或中等）及其以上，无补考、重修记录，有转专业意向的同学于4月20日前向所属学院递交转专业申请表（一式两份），学院初审合格后于4月27日前将申请材料分别报送教务处和转入学院。

4、相关学院于5月份负责完成对申请转入学生的考核，并于本学期放假前将拟接收学生名单及考核结果报教务处。

5、教务处根据全学年成绩审核后，于下学期开学初将转专业合格名单在校内予以公示。

6、公示结束后报校长办公会审批，并发文公布同意转专业学生名单，相关学生根据文件办理相关手续。

教务处

2022年3月20日

图 7-1　最终效果

## 四、实训总结

# 项目实训二　制作宣传海报

## 一、实训目的

1．掌握各种特殊文档排版效果的设置。
2．掌握“开始”菜单的常用功能。
3．掌握在文档中插入各种内容的方法。
4．掌握形状的绘制和组合方法。
5．掌握图文混排的各种形式。

## 二、实训内容

1．首字下沉、分栏、项目符号和编号、边框和底纹的设置。
2．插入形状、剪贴画、艺术字、图片。
3．设置图文混排。
4．背景和主题的设置。

## 三、实训要求

1．在 Word 2010 中新建一个空白文档。
2．将“信念是一粒种子.docx”中的内容插入新建文档。
3．将标题设成二号隶书、居中对齐。
4．第一段首字下沉 2 行，字体为楷体 GB2312。
5．其他部分文字设置成四号、宋体，首行缩进 2 个字符。
6．第二段文字分成 2 栏，加分栏线、红色文字底纹。
7．第三段加段落边框，设置边框线为双线、1.5 磅，颜色为紫色。
8．第四段插入剪贴画，调整高为 3 厘米，设置成四周环绕型。
9．在文章的最后插入第三行第二列的艺术字“信念是一粒种子”，居中显示。
10．保存文件。
11．最终效果如图 7-2 所示。

**信念是一粒种子**

有一年，一支英国探险队进入撒哈拉沙漠的某个地区，在茫茫的沙海里跋涉。阳光下，漫天飞舞的风沙像炒红的铁砂一般，扑打着探险队员的面孔。口渴似炙，心急如焚——大家的水都没了。这时，探险队长拿出一只水壶，说："这里还有一壶水，但穿越沙漠前，谁也不能喝。"

[redacted]

炎炎烈日下，茫茫沙漠里，真正救了他们的，又哪里是那一壶沙子呢？他们执着的信念，已经如同一粒种子，在他们心底生根发芽，最终领着他们走出了"绝境"。

事实上，人生从来没有真正的绝境。无论遭受多少艰辛，无论经历多少苦难，只要一个人的心中还怀着一粒信念的种子，那么总有一天，他就能走出困境，让生命重新开花结果。

人生就是这样，只要种子还在，希望就在。

**信念是一粒种子**

图 7-2　最终效果

## 四、实训总结

# 项目实训三　制作课程表和成绩单

## 一、实训目的

1．掌握插入表格的方法。
2．掌握修改表格的方法。
3．掌握美化表格的方法。
4．掌握表格计算的方法。

## 二、实训内容

1．插入表格。
2．修改表格。
3．表格的格式化。
4．在表格中设置公式进行自动计算。

## 三、实训要求

1．制作课程表并进行排版，如图 7-3 所示。

| 课程表 | | | | | |
|---|---|---|---|---|---|
| 星期<br>节 | 星期一 | 星期二 | 星期三 | 星期四 | 星期五 |
| 1-2 节 | 外语 | 网络基础 | 外语 | 网络基础 | 组装与维护 |
| 3-4 节 | 数学 | 组装与维护 | 计算机 | 计算机 | 实验 |
| 5-6 节 | 计算机 | 实验 | 实验 | 实验 | 计算机 |
| 7-8 节 | 体育 | 计算机 | 体育 | 自习 | 自习 |
| 9-10 节 | 晚自习 | | | | |

图 7-3　课程表

2．制作学生成绩单，按所给要求进行排版，效果如图 7-4 所示。
（1）总分和平均分使用计算公式。
（2）第一行使用黄色阴影。
（3）表格外边框使用红色加粗双线。
3．设计一个班级考勤表，包括编号、姓名，可考勤 30 名学生一周每天 4 次课。
4．设计课堂教学学生意见反馈表。
（1）表格标题为“课堂教学学生意见反馈表”。
（2）反馈内容包括系别、专业、班级、日期、教师姓名。

**计算机系网络技术专业 11121 班**

| 编号 | 姓名 | 高数 | 英语 | 计算机基础 | 总分 |
|---|---|---|---|---|---|
| 1 | 王立新 | 87 | 89 | 96 | 272 |
| 2 | 赵小丹 | 89 | 90 | 94 | 273 |
| 3 | 张林 | 90 | 91 | 93 | 274 |
| 4 | 李欣喜 | 87 | 78 | 79 | 244 |
| 5 | 郑铭 | 90 | 91 | 92 | 273 |
| 平均分 | | 88.6 | 87.8 | 90.8 | 267.2 |

图 7-4 学生成绩单

（3）考评的项目如下。

1）教学内容（知识点讲解准确、重点突出、理论联系实际、内容充实、系统性强）。

2）教学方法（启发式教学、注意因材施教、调动课堂积极性、多媒体教学）。

3）教学态度（备课认真、板书清楚、批改作业、课后答疑、衣着整洁）。

4）教学效果。

5）学生对教师整体任课情况的评语。

6）每个考核子项分为好、中、差 3 种成绩，可以通过打“√”确定成绩。

## 四、实训总结

# 项目实训四　制作毕业论文

## 一、实训目的

1．掌握插入分隔符的方法。

2．掌握样式的使用方法。

3．掌握文档各种显示方式的作用。

4．掌握建立目录的方法。

5．掌握设置页眉和页脚的方法。

## 二、实训内容

1．插入分隔符。

2．使用系统样式。

3．使用大纲视图查看各级别的文档。

4．设置各种形式的页眉页脚。

5．插入、更新目录。

## 三、实训要求

1．打开“计算机网络-素材.docx”文档。

2．为文章分章节，加标题。

（1）计算机网络的概述（从开头到组成及分类）。

（2）计算机网络的组成及分类（从组成及分类到网络体系结构）。

（3）计算机网络的体系结构（从网络体系结构到结尾）。

3．每章采用分节符分页。

4．章节标题采用样式中的“标题 1”样式，二级标题采用“标题 2”样式。

5．第一章的“定义”“发展过程”“功能”设置成二级标题；“第一阶段可以追溯到 20 世纪 50 年代”“分组交换的产生”“因特网时代”采用三级标题。

6．第二章的“局域网”“城域网”“广域网”“互联网”“无线网”设置成二级标题。

7．第三章的“网络身份认证协议/VieID”“协议分层”“服务类型”“局域网的分类”设置成二级标题；“1　以太网”“2　令牌环网”“3　FDDI 网”“4　ATM 网”“5　无线局域网”采用三级标题。

8．利用大纲视图查看效果。

9．设置页眉和页脚。采用奇偶页不同的页眉和页脚。奇数页页眉使用“计算机网络技术简介”，偶数页页眉使用每章的题目，页脚显示“共 X 页　第 X 页”样式。

10．生成目录。在目录前写上“目录”二字，字体为黑体三号，目录内容使用小四号、1.5 倍行距。

11．封皮和目录不显示页眉和页脚。

## 四、实训总结

______________________________________________

______________________________________________

______________________________________________

______________________________________________

______________________________________________

______________________________________________

# 项目实训五　SmartArt 图形的使用

## 一、实训目的

1. 掌握 SmartArt 图形的创建。
2. 掌握 SmartArt 图形的美化。
3. 掌握 SmartArt 图形样式的设计。
4. 掌握 SmartArt 图形的布局。
5. 掌握 SmartArt 图形形状、艺术字样式、颜色设置。

## 二、实训内容

1. 在 Word 2010 中插入 SmartArt 图形。
2. 设置 SmartArt 图形样式。
3. 设置 SmartArt 图形的颜色。
4. 设置 SmartArt 图形文本填充。
5. 设置 SmartArt 图形高度、宽度。

## 三、实训要求

1. 在 Word 2010 中打开“蔬菜分类.docx”文档。
2. 参照样张，在文中插入 SmartArt 图形：层次结构。
3. 设置 SmartArt 图形的自动换行为四周型环绕。
4. 参照样张，在该 SmartArt 图形中输入文本文字来为蔬菜分类。
5. 参照样张，设置该 SmartArt 图形的颜色为“彩色范围，强调文字颜色 2 至 3”。
6. 参照样张，设置该 SmartArt 样式为“三维-嵌入”。
7. 参照样张，设置该 SmartArt 图形文本填充为“蓝色，强调文字颜色 1”；文本效果为“转换-弯曲，前近后远”。
8. 设置该 SmartArt 图形的高度为 8.5 厘米，宽度为 15.1 厘米。

9．参照样张，调整该 SmartArt 图形的位置。

10．保存文件。

## 四、实训总结

______________________________________________

______________________________________________

______________________________________________

______________________________________________

______________________________________________

______________________________________________

# 综合实训

1．根据“综合实训 1-素材.docx”文档中的文字内容，按要求进行编辑操作。

（1）在 Word 2010 中新建一个空白文档。

（2）将“综合实训 1-素材.docx”中的内容插入新建文档。

（3）将文中所有“现代远程教育”替换为“现代网络远程教育”，格式为红色、倾斜。

（4）将文档的标题“现代网络远程教育”设置为黑体、三号、加粗、居中，字形为常规。

（5）第一段文字设置首字下沉，字体为楷体，下沉行数为 3，距正文 0.2 厘米，颜色为红色。

（6）除第一段文字外，其他部分文字设置成小四、宋体、首行缩进 2 个字符，行距为 20 磅。

（7）第二段分成等宽的两栏并加分栏线，底纹为“紫色、强调文字颜色 4、淡色 60%”。

（8）在第一段插入剪贴画（黄牛），高度为 1.82 厘米，版式为紧密型文字环绕。

（9）在第二栏插入图片（素材中的 ab.jpg），高度为 2 厘米，图片格式如图 7-5 所示。

（10）设置页面边框为“艺术型”（如无艺术型边框可设置为任意一种边框）。

（11）第三段加段落边框，边框设置为双线、1.5 磅、绿色。

（12）设置页眉页脚：页眉“word-图文混排”居中；页脚处为当前日期；右对齐。

（13）把自己的班级和姓名作为水印。

（14）在文章的最后插入如图 7-5 所示的艺术字，设置为居中。

（15）保存文件。

（16）效果图如图 7-5 所示。

2．根据“综合实训 2-素材.docx”文档中的文字内容，按要求进行编辑操作。

（1）将标题设成图 7-6 所示的艺术字，居中显示。

（2）正文所有文字设置成小四、宋体，行距为 24 磅。

（3）第一段首字下沉 2 行，字体为隶书，其他段落首行缩进 2 个字符。

（4）第三段加段落边框，边框设置为双曲线、0.75 磅、绿色。

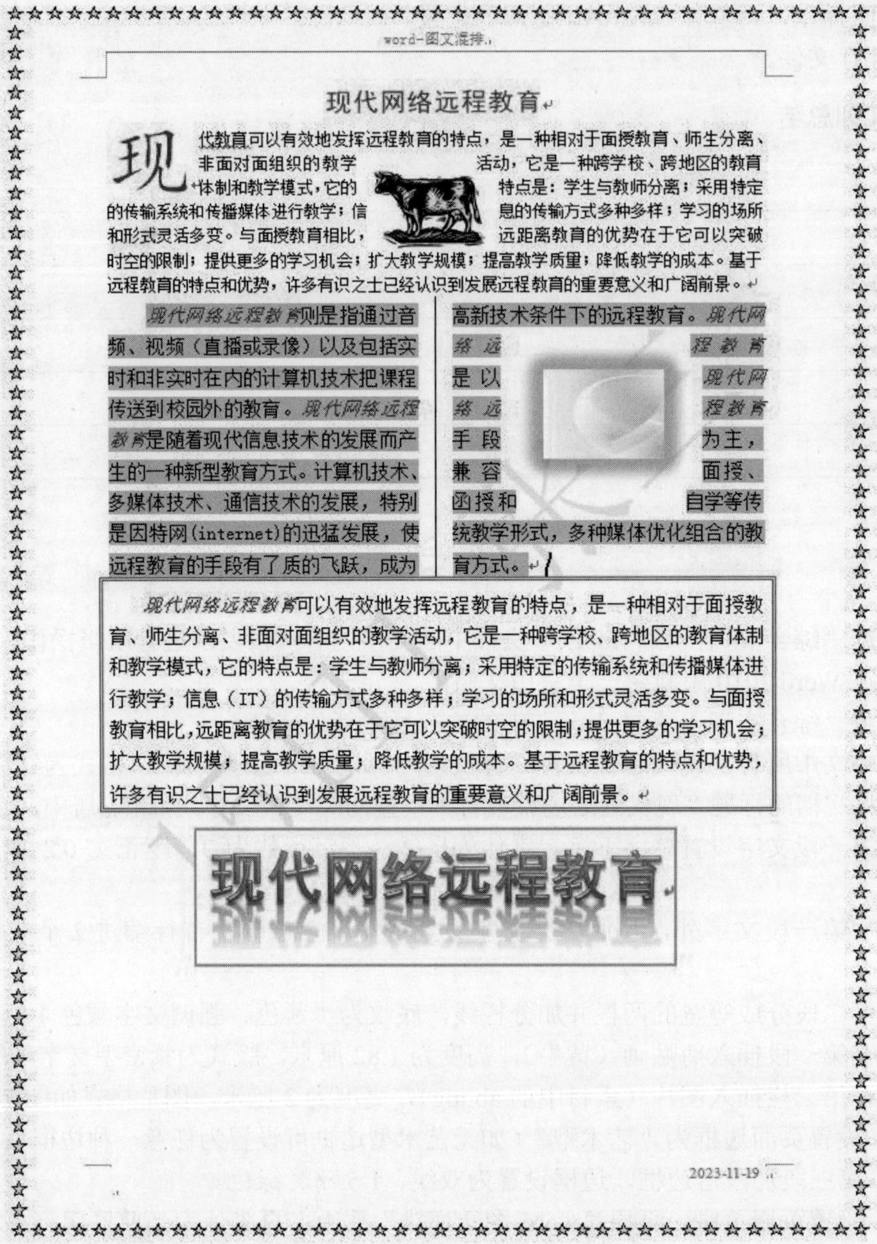

word-图文混排

现代网络远程教育

现代教育可以有效地发挥远程教育的特点，是一种相对于面授教育、师生分离、非面对面组织的教学活动，它是一种跨学校、跨地区的教育体制和教学模式，它的特点是：学生与教师分离；采用特定的传输系统和传播媒体进行教学；信息的传输方式多种多样；学习的场所和形式灵活多变。与面授教育相比，远距离教育的优势在于它可以突破时空的限制；提供更多的学习机会；扩大教学规模；提高教学质量；降低教学的成本。基于远程教育的特点和优势，许多有识之士已经认识到发展远程教育的重要意义和广阔前景。

*现代网络远程教育*则是指通过音频、视频（直播或录像）以及包括实时和非实时在内的计算机技术把课程传送到校园外的教育。*现代网络远程教育*是随着现代信息技术的发展而产生的一种新型教育方式。计算机技术、多媒体技术、通信技术的发展，特别是因特网(internet)的迅猛发展，使远程教育的手段有了质的飞跃，成为高新技术条件下的远程教育。*现代网络远程教育*是以*现代网络远程教育*手段为主，兼容面授、函授和自学等传统教学形式，多种媒体优化组合的教育方式。

*现代网络远程教育*可以有效地发挥远程教育的特点，是一种相对于面授教育、师生分离、非面对面组织的教学活动，它是一种跨学校、跨地区的教育体制和教学模式，它的特点是：学生与教师分离；采用特定的传输系统和传播媒体进行教学；信息（IT）的传输方式多种多样；学习的场所和形式灵活多变。与面授教育相比，远距离教育的优势在于它可以突破时空的限制；提供更多的学习机会；扩大教学规模；提高教学质量；降低教学的成本。基于远程教育的特点和优势，许多有识之士已经认识到发展远程教育的重要意义和广阔前景。

现代网络远程教育

2023-11-19

图 7-5　效果图

（5）第三段文字分成 2 栏，加分栏线，设置红色文字底纹。

（6）将图片“cc.jpg”设置为文档背景。

（7）第一段插入“花卉.jpg”的图片，调整图片高度为 4 厘米，设置成四周环绕型。

（8）设置页面边框为“艺术型”（如无艺术型边框可设置为任意一种边框）。

（9）设置页眉页脚：页眉“word-图文混排”居中，页脚处为当前日期且右对齐。

（10）保存文件。

（11）效果图如图 7-6 所示。

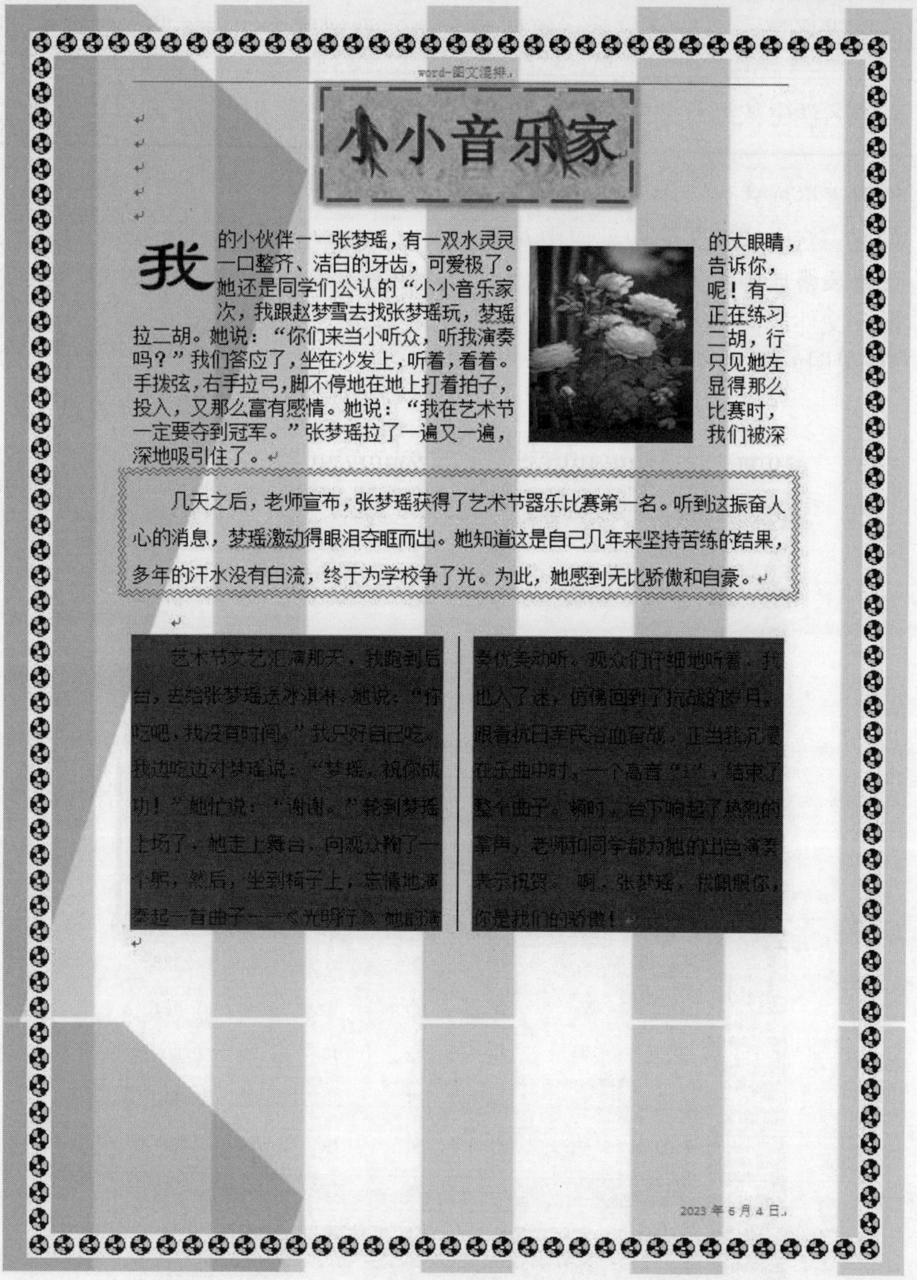

图 7-6　效果图

3．根据“综合实训 3-素材.docx”文档中的文字内容，按要求操作。

（1）将第二行到最后一行的文字转换成表格。

（2）在表格最右侧插入一空列，在插入的空列第一行单元格中输入文字“总分”；在表格最后插入一空行，在新插入行的第一个单元格中输入文字“平均成绩”，然后合并该行第一至第三个单元格。

（3）在表格最后一列中计算各名学生的总分，在表格最后一行的第四列至最后列单元格中计算平均成绩。

（4）设置表格第一列至第三列、第四列至第八列宽度为 1.8 厘米，所有单元格高度为 0.8 厘米。

（5）对各名学生依据总分的成绩进行降序排序，如果成绩相同，则以“数据结构”成绩降序排序。

（6）设置表格样式为“中等深浅网格 3-强调文字颜色 5”。

（7）设置表格中所有文字中部居中对齐。

（8）设置表格居中对齐。

（9）保存文件。

（10）效果图如图 7-7 所示。

**学生成绩统计表**

| 班级 | 姓名 | 性别 | 软件基础 | 软件应用 | 数据结构 | 操作系统 | 总分 |
|---|---|---|---|---|---|---|---|
| 网络 | 于亮 | 男 | 90 | 88 | 92 | 90 | 360 |
| 软件 | 张晓 | 男 | 89 | 78 | 90 | 86 | 343 |
| 网络 | 王立 | 男 | 84 | 92 | 90 | 89 | 355 |
| 多媒体 | 钱丰硕 | 女 | 87 | 90 | 89 | 89 | 355 |
| 网络 | 张婷婷 | 男 | 88 | 56 | 88 | 77 | 309 |
| 网络 | 万方 | 男 | 85 | 90 | 88 | 88 | 351 |
| 多媒体 | 王立丽 | 女 | 71 | 90 | 87 | 83 | 331 |
| 软件 | 李伟男 | 男 | 98 | 87 | 85 | 90 | 360 |
| 多媒体 | 李点 | 女 | 83 | 79 | 82 | 81 | 325 |
| 软件 | 王红娇 | 女 | 77 | 86 | 81 | 81 | 325 |
| 软件 | 崔宇 | 女 | 78 | 80 | 80 | 79 | 317 |
| 多媒体 | 宋健 | 男 | 73 | 72 | 80 | 75 | 300 |
| 网络 | 王晓晨 | 女 | 68 | 77 | 80 | 75 | 300 |
| 多媒体 | 赵丽华 | 男 | 79 | 80 | 79 | 79 | 317 |
| 多媒体 | 李劲 | 女 | 67 | 75 | 77 | 73 | 292 |
| 软件 | 李光 | 女 | 82 | 81 | 76 | 80 | 319 |
| 网络 | 张伟 | 男 | 75 | 80 | 76 | 77 | 308 |
| 多媒体 | 张博 | 女 | 69 | 76 | 73 | 73 | 291 |
| 网络 | 蔡源 | 女 | 86 | 70 | 70 | 75 | 301 |
| 多媒体 | 陈旭 | 男 | 87 | 77 | 64 | 76 | 304 |
| 软件 | 张楠 | 男 | 58 | 65 | 60 | 61 | 244 |
| 网络 | 李加宇 | 男 | 60 | 50 | 57 | 96 | 263 |
| 平均成绩 | | | 78.82 | 78.14 | 79.27 | 80.59 | |

图 7-7 效果图

4．根据“综合实训 4-中国六大茶系.docx”文档中的文字内容，按要求操作。

（1）在 Word 2010 中打开“中国六大茶系.docx”文档。

（2）参照样张，在文中插入 SmartArt 图形：表格列表。

（3）设置 SmartArt 图形的自动换行为四周型环绕。

（4）参照样张，在该 SmartArt 图形中输入文本文字分别为绿茶、红茶、青茶、黄茶、黑茶、白茶。

（5）参照样张，设置该 SmartArt 图形的颜色为“强调文字颜色 3，彩色填充-强调文字颜色 3”。

（6）参照样张，设置该 SmartArt 样式为“三维-卡通”。

（7）参照样张，设置该 SmartArt 图形文本填充为“白色，背景 1”。文本效果为“发光-橙色，18pt 发光，强调文字颜色 6”。

（8）设置该 SmartArt 图形的高度为 7.9 厘米，宽度为 14.3 厘米。

（9）参照样张，调整该 SmartArt 图形的位置。

（10）保存文件。

（11）效果图如图 7-8 所示。

中国六大茶系

**1．绿茶：**这是我国产量最多的一类茶叶，其花色品种之多居世界首位。绿茶具有香高、味醇、形美、耐冲泡等特点。其制作工艺都经过杀青一揉捻一干燥的过程。由于加工时干燥的方法不同，绿茶又可分为炒青绿茶、烘青绿茶、蒸青绿茶和晒青绿茶。绿茶是我国产量最多的一类茶叶，全国 18 个产茶省（市）都生产绿茶。我国绿茶花色品种之多居世界之首，每年出口数万吨，占世界茶叶市场绿茶贸易量的 70%左右。我国传统绿茶——眉茶和珠茶，向以香高、味醇、形美、耐冲泡，而深受国内外消费者的欢迎。

**2．红茶：**红茶与绿茶的区别在于加工方法不同。红茶加工时不经杀青，而且萎调，使鲜叶失去一部分水分，再揉捻（揉搓成条或切成颗粒），然后发酵，使所含的茶多酚氧化，变成红色的化合物。这种化合物一部分溶于水，一部分不溶于水，而积累在叶片中，从而形成红汤、红叶。红茶主要有小种红茶、工夫红茶和碎茶三大类。



**3．青茶（乌龙茶）：**属半发酵茶，即制作时适当发酵，使叶片稍有红变，是介于绿茶与红茶之间的一种茶类。它既有绿茶的鲜浓，又有红茶的甜醇，因其叶片中间为绿色，叶缘呈红色。

图 7-8　效果图

# 学习项目八　电子表格软件 Excel 应用

## 项目实训一　Excel 2010 基本操作

### 一、实训目的

1．掌握启动、退出 Excel 2010 的各种方法，掌握工作簿的创建、打开、保存及关闭的各种方法。

2．掌握工作表中数据的快速输入方法。

3．掌握工作表编辑（插入、复制、移动、删除和重命名）的方法。

4．管理工作表。

### 二、实训内容

1．快速启动 Excel 2010。

2．建立工作表并输入数据。

3．保存工作簿。

4．编辑工作表。

5．管理工作表。

6．退出 Excel 2010。

### 三、实训要求

1．利用“开始”菜单启动 Excel 2010。

2．建立工作表并录入数据。

（1）启动 Excel 2010，新建一个工作簿文档。

（2）在 Sheet2 工作表中录入如图 8-1 所示的信息。

3．保存工作簿。

保存文档至 D 盘根目录，名称为“员工信息管理.xlsx”。

4．编辑工作表。

（1）在“性别”和“手机号码”列之间插入两个新列，列标题为“年龄”和“身份证号”，并输入正确数据。

（2）在第 7 行之前添加一个空行，录入如下信息，并修改“序号”列的值。

(5，销售部，005，郝海平，1971-2-5，男，40，22021119710119****，189****9552，)

（3）将单元格 A1:J1 合并。

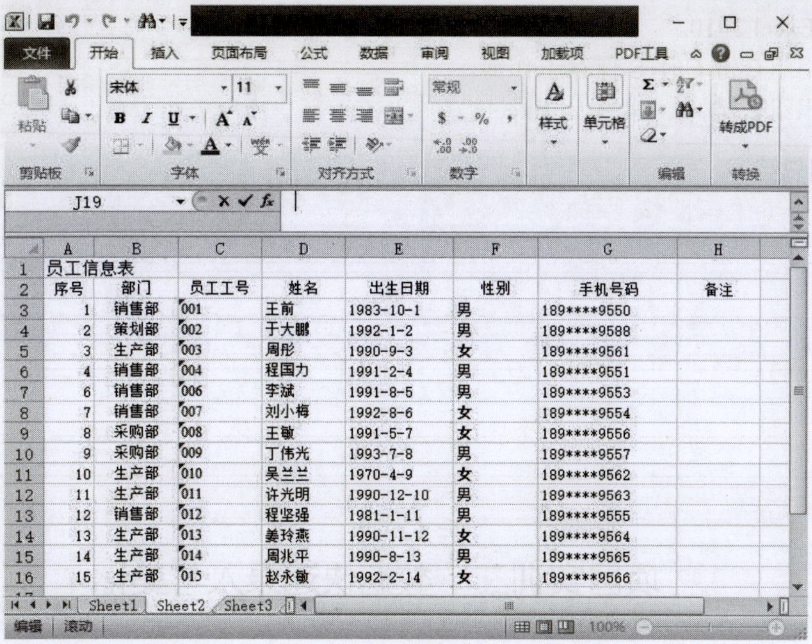

| 序号 | 部门 | 员工工号 | 姓名 | 出生日期 | 性别 | 手机号码 | 备注 |
|---|---|---|---|---|---|---|---|
| 1 | 销售部 | 001 | 王前 | 1983-10-1 | 男 | 189****9550 | |
| 2 | 策划部 | 002 | 于大鹏 | 1992-1-2 | 男 | 189****9588 | |
| 3 | 生产部 | 003 | 周彤 | 1990-9-3 | 女 | 189****9561 | |
| 4 | 销售部 | 004 | 程国力 | 1991-2-4 | 男 | 189****9551 | |
| 6 | 销售部 | 006 | 李斌 | 1991-8-5 | 男 | 189****9553 | |
| 7 | 销售部 | 007 | 刘小梅 | 1992-8-6 | 女 | 189****9554 | |
| 8 | 采购部 | 008 | 王敏 | 1991-5-7 | 女 | 189****9556 | |
| 9 | 采购部 | 009 | 丁伟光 | 1993-7-8 | 男 | 189****9557 | |
| 10 | 生产部 | 010 | 吴兰兰 | 1970-4-9 | 女 | 189****9562 | |
| 11 | 生产部 | 011 | 许光明 | 1990-12-10 | 男 | 189****9563 | |
| 12 | 销售部 | 012 | 程坚强 | 1981-1-11 | 男 | 189****9555 | |
| 13 | 生产部 | 013 | 姜玲燕 | 1990-11-12 | 女 | 189****9564 | |
| 14 | 生产部 | 014 | 周兆平 | 1990-8-13 | 男 | 189****9565 | |
| 15 | 生产部 | 015 | 赵永敏 | 1992-2-14 | 女 | 189****9566 | |

图 8-1　员工信息表

5. 管理工作表。

（1）将 Sheet2 工作表重命名为“员工信息表”。

（2）将“员工信息表”工作表移动到 Sheet1 工作表左侧。

（3）将 Sheet3 工作表删除。

（4）建立“员工信息表”工作表的副本，重命名为“员工信息表备份”，最终效果如图 8-2 所示。

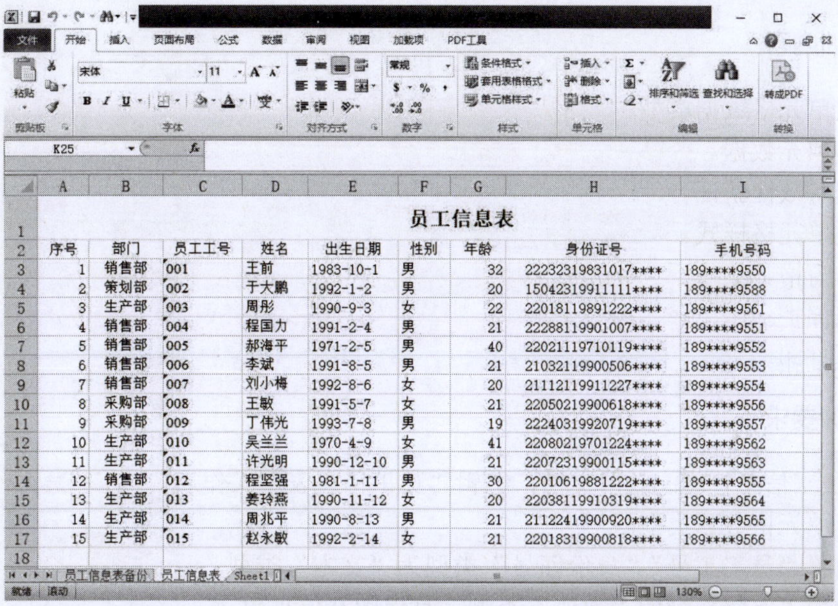

员工信息表

| 序号 | 部门 | 员工工号 | 姓名 | 出生日期 | 性别 | 年龄 | 身份证号 | 手机号码 |
|---|---|---|---|---|---|---|---|---|
| 1 | 销售部 | 001 | 王前 | 1983-10-1 | 男 | 32 | 22232319831017**** | 189****9550 |
| 2 | 策划部 | 002 | 于大鹏 | 1992-1-2 | 男 | 20 | 15042319911111**** | 189****9588 |
| 3 | 生产部 | 003 | 周彤 | 1990-9-3 | 女 | 22 | 22018119891222**** | 189****9561 |
| 4 | 销售部 | 004 | 程国力 | 1991-2-4 | 男 | 21 | 22288119901007**** | 189****9551 |
| 5 | 销售部 | 005 | 郝海平 | 1971-2-5 | 男 | 40 | 22021119710119**** | 189****9552 |
| 6 | 销售部 | 006 | 李斌 | 1991-8-5 | 男 | 21 | 21032119900506**** | 189****9553 |
| 7 | 销售部 | 007 | 刘小梅 | 1992-8-6 | 女 | 20 | 21112119911227**** | 189****9554 |
| 8 | 采购部 | 008 | 王敏 | 1991-5-7 | 女 | 21 | 22050219900618**** | 189****9556 |
| 9 | 采购部 | 009 | 丁伟光 | 1993-7-8 | 男 | 19 | 22240319920719**** | 189****9557 |
| 10 | 生产部 | 010 | 吴兰兰 | 1970-4-9 | 女 | 41 | 22080219701224**** | 189****9562 |
| 11 | 生产部 | 011 | 许光明 | 1990-12-10 | 男 | 21 | 22072319900115**** | 189****9563 |
| 12 | 销售部 | 012 | 程坚强 | 1981-1-11 | 男 | 30 | 22010619881222**** | 189****9555 |
| 13 | 生产部 | 013 | 姜玲燕 | 1990-11-12 | 女 | 20 | 22038119910319**** | 189****9564 |
| 14 | 生产部 | 014 | 周兆平 | 1990-8-13 | 男 | 21 | 21122419900920**** | 189****9565 |
| 15 | 生产部 | 015 | 赵永敏 | 1992-2-14 | 女 | 21 | 22018319900818**** | 189****9566 |

图 8-2　最终效果

6．退出 Excel 2010。

（1）使用组合键 Ctrl+S 保存工作簿。

（2）使用组合键 Alt+F4 关闭 Excel。

## 四、实训总结

# 项目实训二 数据快速录入与美化

## 一、实训目的

1．掌握单元格属性的设置方法。

2．掌握各种数据的快速填充方法。

3．掌握数据有效性控制的方法。

4．掌握单元格样式设置的方法。

5．掌握文档保护的方法。

6．掌握 Excel 表格排版打印的方法。

## 二、实训内容

1．设置单元格数据类型。

2．快速填充数据。

3．数据有效性验证。

4．设置单元格样式。

5．冻结窗格。

6．文档保护。

7．排版打印。

## 三、实训要求

打开“员工信息管理.xlsx”文档，编辑“员工信息表”工作表。

1．设置单元格数据类型。

（1）设置“员工工号”“身份证号”类型为“文本”类型。

（2）设置“年龄”列为“数值”类型，且保留 0 位小数。

2．快速填充数据。

实现“序号”“员工工号”“部门”数据拖曳填充。

3．数据有效性验证。

（1）“性别”列只能录入“男”或者“女”，并实现数据选择录入。

（2）身份证号长度必须为 18 位。

（3）出生日期必须在 1942-01-01 和 1995-01-01 之间。

（4）年龄必须在 18～70 之间。

（5）在数据录入错误时能给出正确提示。

4．设置单元格样式。

（1）单元格中所有文字在水平和垂直方向上都居中对齐。

（2）单元格 A1:J1 文字样式为 20 号、隶书、红色、下划线，并添加浅蓝色底纹。

（3）单元格 A2:J2 文字样式为 12 号、黑体、黑色。

（4）单元格 A3:J17 文字样式为 10 号、宋体、黑色。

（5）单元格 A2:J17 添加内、外边框。

（6）设置第一行行高为 35 磅，第二行行高设为 25 磅，其他数据行行高设为 20 磅。

（7）为所有列设置合适的列宽。

5．冻结窗格。

利用冻结窗格功能实现在拖动水平滚动条时，“出生日期”列之前的列保持不动，而拖动垂直滚动条时，前两行保持不动。员工信息表效果图如图 8-3 所示。

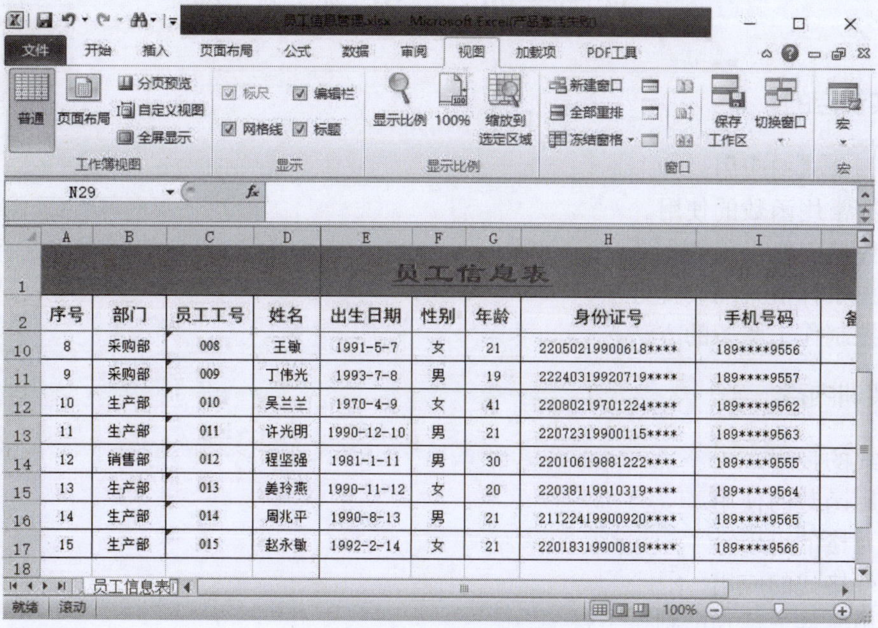


图 8-3　员工信息表效果图

6．文档保护。

（1）保护“员工信息表”工作表，不允许用户对该工作表做任何操作，设置解除工作表保护的密码为 PassWord。

（2）为“员工信息管理.xlsx”文档添加保护，设置打开权限密码和修改权限密码分别为Open和Update。

7．排版打印。

（1）打印纸张为A4，打印方向为横向，页面左、右边距为3.17厘米，页面上、下边距为2.5厘米。

（2）页眉为“员工信息表”，页脚样式为“第×页　共×页”。

（3）打印标题的“顶端标题行”（第一、二行）。

（4）每页打印10条员工信息。

（5）居中方式设置为水平、垂直居中显示。

## 四、实训总结

______________________________________________

______________________________________________

______________________________________________

______________________________________________

______________________________________________

# 项目实训三　数 据 处 理

## 一、实训目的

1．掌握公式的应用。
2．掌握常用函数的使用。
3．掌握单元格引用的方法。
4．掌握条件格式的设置方法。
5．掌握制作工资条的方法。

## 二、实训内容

1．公式的使用。
2．常用函数的使用。
3．单元格的引用。
4．条件格式的应用。
5．利用条件定位功能制作工资条。

## 三、实训要求

1．公式的使用——计算员工实发工资。

（1）打开“员工工资表.xlsx”工作簿，切换至“1月份工资表”工作表。

（2）将单元格 A1:I1 合并为一个单元格，内容格式设置为水平、垂直居中。

（3）利用公式计算实发工资（实发工资=基本工资+岗位津贴+奖励工资-应扣工资）。

（4）计算最高工资、最低工资，如图 8-4 所示。

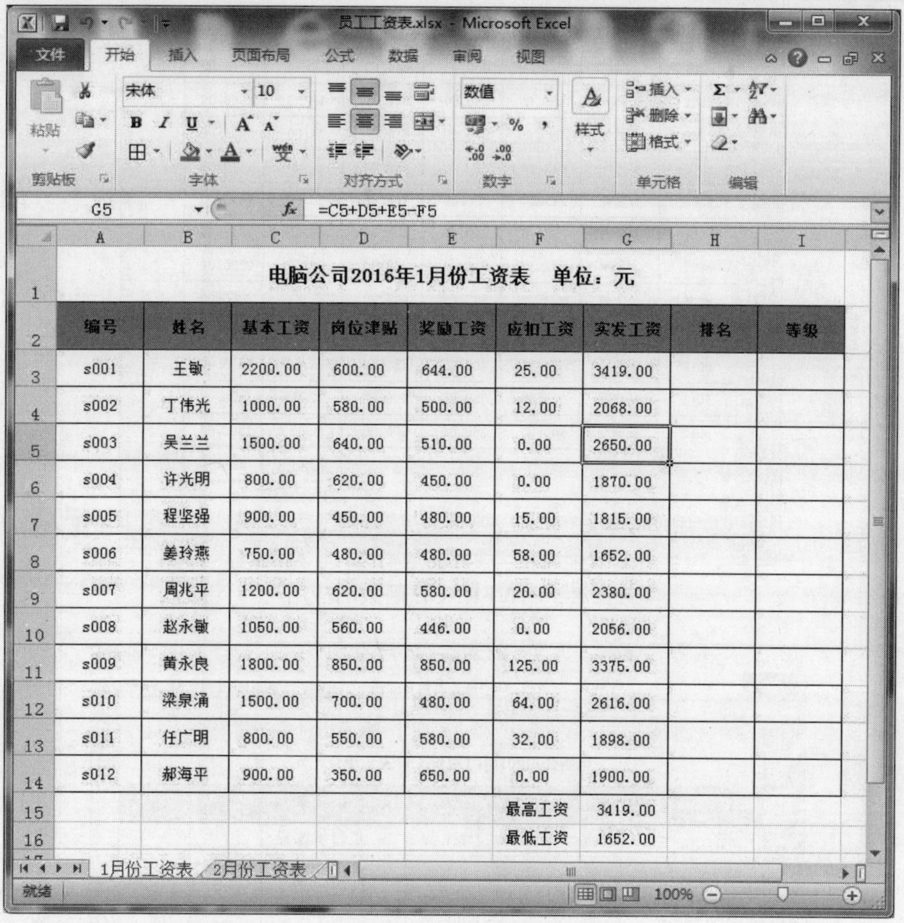

电脑公司2016年1月份工资表 单位：元

| 编号 | 姓名 | 基本工资 | 岗位津贴 | 奖励工资 | 应扣工资 | 实发工资 | 排名 | 等级 |
|---|---|---|---|---|---|---|---|---|
| s001 | 王敏 | 2200.00 | 600.00 | 644.00 | 25.00 | 3419.00 | | |
| s002 | 丁伟光 | 1000.00 | 580.00 | 500.00 | 12.00 | 2068.00 | | |
| s003 | 吴兰兰 | 1500.00 | 640.00 | 510.00 | 0.00 | 2650.00 | | |
| s004 | 许光明 | 800.00 | 620.00 | 450.00 | 0.00 | 1870.00 | | |
| s005 | 程坚强 | 900.00 | 450.00 | 480.00 | 15.00 | 1815.00 | | |
| s006 | 姜玲燕 | 750.00 | 480.00 | 480.00 | 58.00 | 1652.00 | | |
| s007 | 周兆平 | 1200.00 | 620.00 | 580.00 | 20.00 | 2380.00 | | |
| s008 | 赵永敏 | 1050.00 | 560.00 | 446.00 | 0.00 | 2056.00 | | |
| s009 | 黄永良 | 1800.00 | 850.00 | 850.00 | 125.00 | 3375.00 | | |
| s010 | 梁泉涌 | 1500.00 | 700.00 | 480.00 | 64.00 | 2616.00 | | |
| s011 | 任广明 | 800.00 | 550.00 | 580.00 | 32.00 | 1898.00 | | |
| s012 | 郝海平 | 900.00 | 350.00 | 650.00 | 0.00 | 1900.00 | | |
| | | | | | 最高工资 | 3419.00 | | |
| | | | | | 最低工资 | 1652.00 | | |

图 8-4 公式的应用

2．常用函数的使用。

（1）AVERAGE 函数——计算员工平均工资。

1）打开“员工工资表.xlsx”工作簿，切换至“2 月份工资表”工作表。

2）合并单元格 A1:G1，内容设置为水平、垂直居中。

3）利用公式计算实发工资（实发工资=基本工资+岗位津贴+奖励工资-应扣工资）。

4）利用 AVERAGE 函数计算平均工资，置于 G15 单元格。

5）在单元格 F16 中添加超链接，文字为“1 月份工资表”，单击该链接打开当前文档中的“1 月份工资表”工作表。AVERAGE 函数的应用如图 8-5 所示。

（2）RANK 函数——实现员工工资高低排名。

1）打开“员工工资表.xlsx”工作簿，切换至“1 月份工资表”工作表。

2）在单元格 H3:H14 中，利用 RANK 函数对员工工资从高到低进行排名。RANK 函数的应用如图 8-6 所示。

G15　=AVERAGE(G3:G14)

电脑公司2016年2月份工资表　单位：元

| 编号 | 姓名 | 基本工资 | 岗位津贴 | 奖励工资 | 应扣工资 | 实发工资 |
|---|---|---|---|---|---|---|
| s001 | 王敏 | 2200.00 | 600.00 | 644.00 | 125.00 | 3319.00 |
| s002 | 丁伟光 | 1000.00 | 580.00 | 500.00 | 12.00 | 2068.00 |
| s003 | 吴兰兰 | 1500.00 | 640.00 | 510.00 | 34.00 | 2616.00 |
| s004 | 许光明 | 800.00 | 620.00 | 450.00 | 0.00 | 1870.00 |
| s005 | 程坚强 | 900.00 | 450.00 | 480.00 | 15.00 | 1815.00 |
| s006 | 姜玲燕 | 750.00 | 480.00 | 480.00 | 58.00 | 1652.00 |
| s007 | 周兆平 | 1200.00 | 620.00 | 580.00 | 20.00 | 2380.00 |
| s008 | 赵永敏 | 1050.00 | 560.00 | 446.00 | 0.00 | 2056.00 |
| s009 | 黄永良 | 1800.00 | 850.00 | 850.00 | 160.00 | 3340.00 |
| s010 | 梁泉涌 | 1500.00 | 700.00 | 480.00 | 64.00 | 2616.00 |
| s011 | 任广明 | 800.00 | 550.00 | 580.00 | 32.00 | 1898.00 |
| s012 | 郝海平 | 900.00 | 350.00 | 650.00 | 0.00 | 1900.00 |
| | | | | | 平均工资 | 2294.17 |

图 8-5　AVERAGE 函数的应用

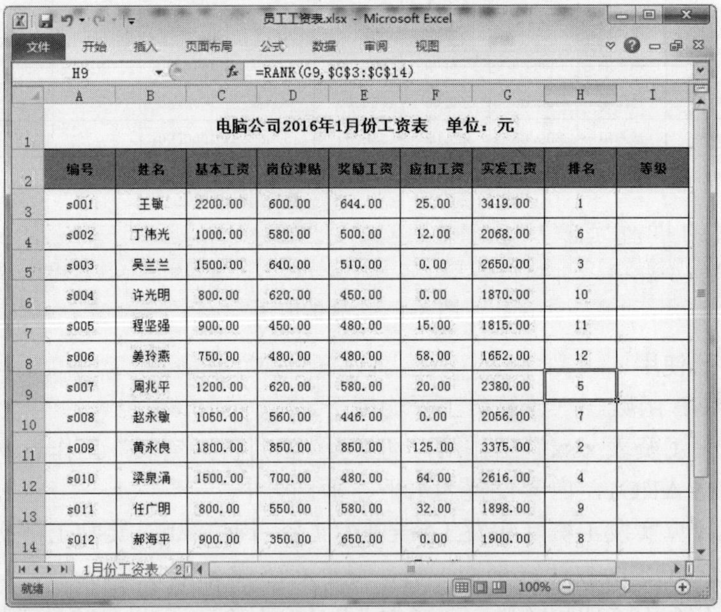

H9　=RANK(G9,$G$3:$G$14)

电脑公司2016年1月份工资表　单位：元

| 编号 | 姓名 | 基本工资 | 岗位津贴 | 奖励工资 | 应扣工资 | 实发工资 | 排名 | 等级 |
|---|---|---|---|---|---|---|---|---|
| s001 | 王敏 | 2200.00 | 600.00 | 644.00 | 25.00 | 3419.00 | 1 | |
| s002 | 丁伟光 | 1000.00 | 580.00 | 500.00 | 12.00 | 2068.00 | 6 | |
| s003 | 吴兰兰 | 1500.00 | 640.00 | 510.00 | 0.00 | 2650.00 | 3 | |
| s004 | 许光明 | 800.00 | 620.00 | 450.00 | 0.00 | 1870.00 | 10 | |
| s005 | 程坚强 | 900.00 | 450.00 | 480.00 | 15.00 | 1815.00 | 11 | |
| s006 | 姜玲燕 | 750.00 | 480.00 | 480.00 | 58.00 | 1652.00 | 12 | |
| s007 | 周兆平 | 1200.00 | 620.00 | 580.00 | 20.00 | 2380.00 | 5 | |
| s008 | 赵永敏 | 1050.00 | 560.00 | 446.00 | 0.00 | 2056.00 | 7 | |
| s009 | 黄永良 | 1800.00 | 850.00 | 850.00 | 125.00 | 3375.00 | 2 | |
| s010 | 梁泉涌 | 1500.00 | 700.00 | 480.00 | 64.00 | 2616.00 | 4 | |
| s011 | 任广明 | 800.00 | 550.00 | 580.00 | 32.00 | 1898.00 | 9 | |
| s012 | 郝海平 | 900.00 | 350.00 | 650.00 | 0.00 | 1900.00 | 8 | |

图 8-6　RANK 函数的应用

（3）IF 函数——计算员工工资等级。

1）打开“员工工资表.xlsx”工作簿，切换至“1 月份工资表”工作表。

2）在单元格 I3:I14 中，利用 IF 函数计算员工工资等级，等级划分见表 8-1，IF 函数的应用如图 8-7 所示。

表 8-1　等级划分表

| 工资 | 等级 |
|---|---|
| [0,2000) | 低 |
| [2000,3000] | 中 |
| 3000 以上 | 高 |

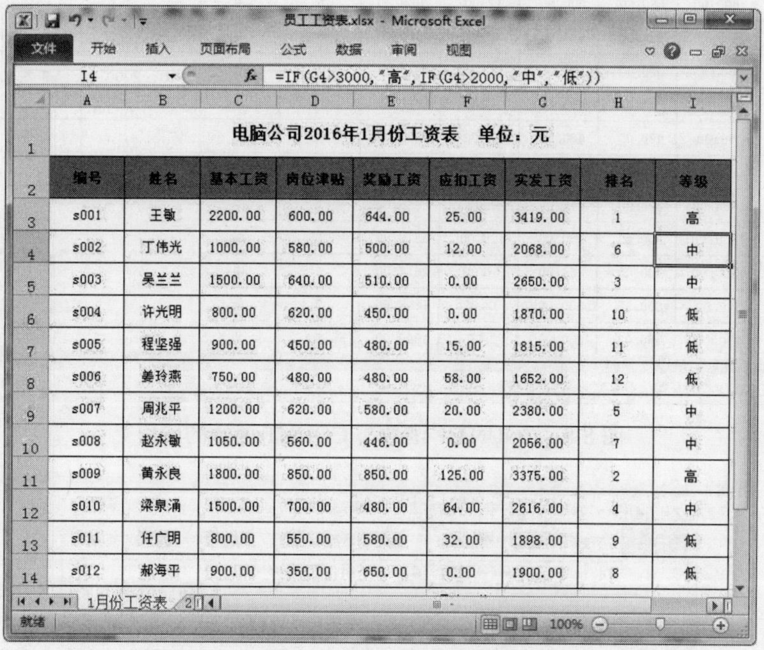
员工工资表.xlsx - Microsoft Excel

I4　=IF(G4>3000,"高",IF(G4>2000,"中","低"))

电脑公司2016年1月份工资表　单位：元

| 编号 | 姓名 | 基本工资 | 岗位津贴 | 奖励工资 | 应扣工资 | 实发工资 | 排名 | 等级 |
|---|---|---|---|---|---|---|---|---|
| s001 | 王敏 | 2200.00 | 600.00 | 644.00 | 25.00 | 3419.00 | 1 | 高 |
| s002 | 丁伟光 | 1000.00 | 580.00 | 500.00 | 12.00 | 2068.00 | 6 | 中 |
| s003 | 吴兰兰 | 1500.00 | 640.00 | 510.00 | 0.00 | 2650.00 | 3 | 中 |
| s004 | 许光明 | 800.00 | 620.00 | 450.00 | 0.00 | 1870.00 | 10 | 低 |
| s005 | 程坚强 | 900.00 | 450.00 | 480.00 | 15.00 | 1815.00 | 11 | 低 |
| s006 | 姜玲燕 | 750.00 | 480.00 | 480.00 | 58.00 | 1652.00 | 12 | 低 |
| s007 | 周兆平 | 1200.00 | 620.00 | 580.00 | 20.00 | 2380.00 | 5 | 中 |
| s008 | 赵永敏 | 1050.00 | 560.00 | 446.00 | 0.00 | 2056.00 | 7 | 中 |
| s009 | 黄永良 | 1800.00 | 850.00 | 850.00 | 125.00 | 3375.00 | 2 | 高 |
| s010 | 梁泉涌 | 1500.00 | 700.00 | 480.00 | 64.00 | 2616.00 | 4 | 中 |
| s011 | 任广明 | 800.00 | 550.00 | 580.00 | 32.00 | 1898.00 | 9 | 低 |
| s012 | 郝海平 | 900.00 | 350.00 | 650.00 | 0.00 | 1900.00 | 8 | 低 |

图 8-7　IF 函数的应用

（4）COUNTIF 函数与 COUNT 函数——实现员工各工资段人数及百分比统计。

1）打开“员工工资表.xlsx”工作簿，切换至“1 月份工资表”工作表。

2）在单元格 K6:K8 中，利用 COUNTIF 函数计算各工资段员工的人数。

3）在单元格 K9 中，利用 COUNT 函数计算员工总人数。

4）在单元格 L6:L8 中，利用公式计算各工资段人数占总员工人数的百分比，采用百分比形式表示。L6 中公式“=K6/K9”；L7 中公式“=K7/K9”；L8 中公式“=K8/K9”。COUNTIF 函数与 COUNT 函数的应用如图 8-8 所示。

3．单元格的引用。

（1）单元格引用——混合引用。

1）打开“员工工资表.xlsx”工作簿，切换至“1 月份工资表”工作表。

2）修改单元格 L6 公式为“=K6/$K$9”。

3）利用拖曳功能实现单元格公式的复制。

（2）单元格引用——相对引用。

1）打开“员工工资表.xlsx”工作簿，切换至“工资汇总表”工作表。

2）在单元格 C3:D14 中，利用单元格引用实现 1 月、2 月份实发工资的汇总。单元格的直接引用如图 8-9 所示。

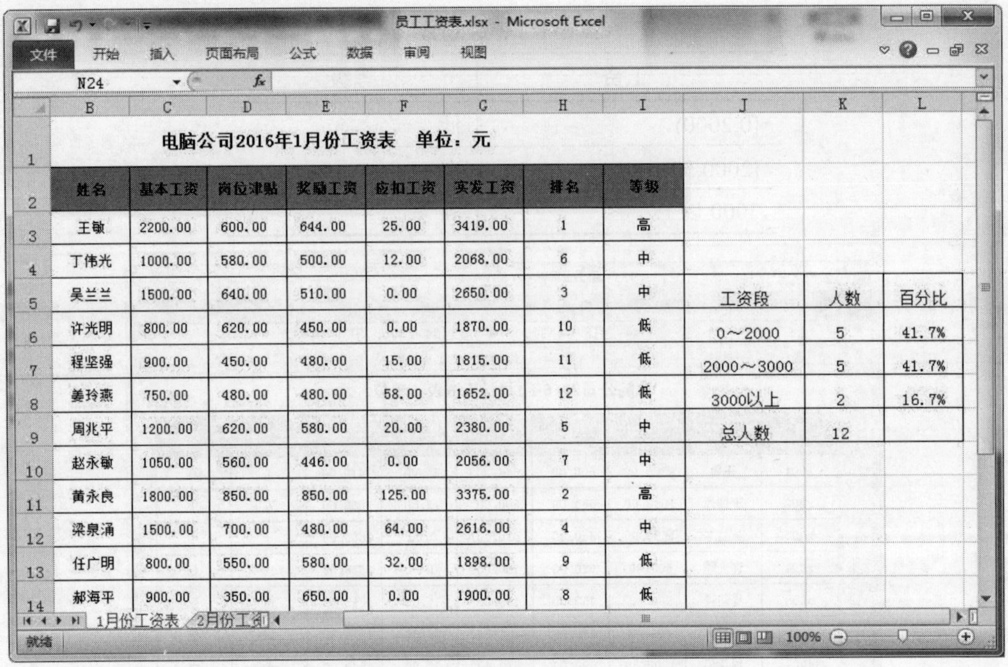

电脑公司2016年1月份工资表 单位：元

| 姓名 | 基本工资 | 岗位津贴 | 奖励工资 | 应扣工资 | 实发工资 | 排名 | 等级 |
|---|---|---|---|---|---|---|---|
| 王敏 | 2200.00 | 600.00 | 644.00 | 25.00 | 3419.00 | 1 | 高 |
| 丁伟光 | 1000.00 | 580.00 | 500.00 | 12.00 | 2068.00 | 6 | 中 |
| 吴兰兰 | 1500.00 | 640.00 | 510.00 | 0.00 | 2650.00 | 3 | 中 |
| 许光明 | 800.00 | 620.00 | 450.00 | 0.00 | 1870.00 | 10 | 低 |
| 程坚强 | 900.00 | 450.00 | 480.00 | 15.00 | 1815.00 | 11 | 低 |
| 姜玲燕 | 750.00 | 480.00 | 480.00 | 58.00 | 1652.00 | 12 | 低 |
| 周兆平 | 1200.00 | 620.00 | 580.00 | 20.00 | 2380.00 | 5 | 中 |
| 赵永敏 | 1050.00 | 560.00 | 446.00 | 0.00 | 2056.00 | 7 | 中 |
| 黄永良 | 1800.00 | 850.00 | 850.00 | 125.00 | 3375.00 | 2 | 高 |
| 梁泉涌 | 1500.00 | 700.00 | 480.00 | 64.00 | 2616.00 | 4 | 中 |
| 任广明 | 800.00 | 550.00 | 580.00 | 32.00 | 1898.00 | 9 | 低 |
| 郝海平 | 900.00 | 350.00 | 650.00 | 0.00 | 1900.00 | 8 | 低 |

| 工资段 | 人数 | 百分比 |
|---|---|---|
| 0～2000 | 5 | 41.7% |
| 2000～3000 | 5 | 41.7% |
| 3000以上 | 2 | 16.7% |
| 总人数 | 12 | |

图 8-8 COUNTIF 函数与 COUNT 函数的应用

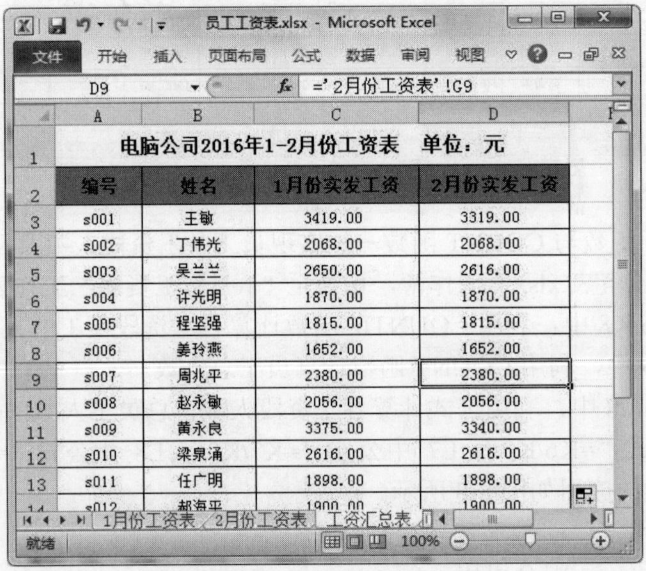

电脑公司2016年1-2月份工资表 单位：元

| 编号 | 姓名 | 1月份实发工资 | 2月份实发工资 |
|---|---|---|---|
| s001 | 王敏 | 3419.00 | 3319.00 |
| s002 | 丁伟光 | 2068.00 | 2068.00 |
| s003 | 吴兰兰 | 2650.00 | 2616.00 |
| s004 | 许光明 | 1870.00 | 1870.00 |
| s005 | 程坚强 | 1815.00 | 1815.00 |
| s006 | 姜玲燕 | 1652.00 | 1652.00 |
| s007 | 周兆平 | 2380.00 | 2380.00 |
| s008 | 赵永敏 | 2056.00 | 2056.00 |
| s009 | 黄永良 | 3375.00 | 3340.00 |
| s010 | 梁泉涌 | 2616.00 | 2616.00 |
| s011 | 任广明 | 1898.00 | 1898.00 |
| s012 | 郝海平 | 1900.00 | 1900.00 |

图 8-9 单元格的直接引用

4．条件格式的应用。

（1）打开“员工工资表.xlsx”工作簿，切换至“1 月份工资表”工作表。

（2）将单元格 G3:G14 中 1 月份“实发工资”小于 1800 的单元格设置为“绿填充色深绿色文本”，实发工资大于 3000 的设置为“浅红填充色深红色文本”，如图 8-10 所示。

（3）打开“员工工资表.xlsx”工作簿，切换至“2 月份工资表”工作表。

（4）利用条件格式设置数据隔行添加浅蓝色底纹，如图 8-11 所示。

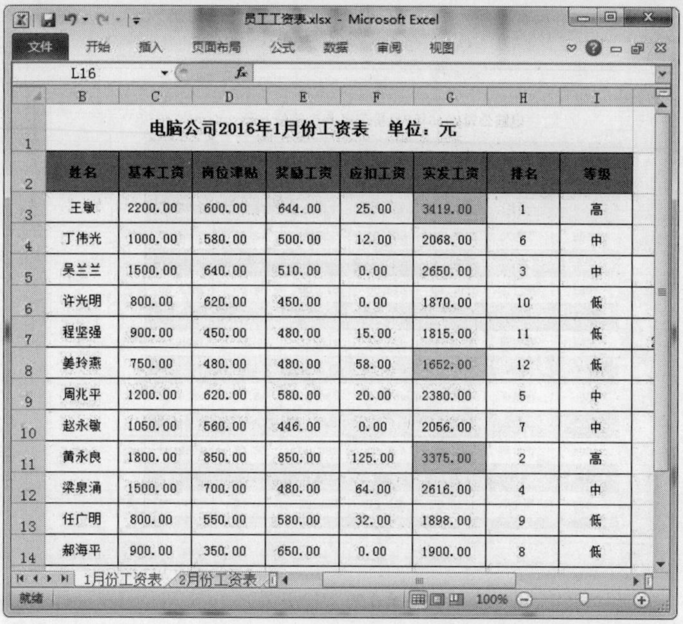

电脑公司2016年1月份工资表　单位：元

| 姓名 | 基本工资 | 岗位津贴 | 奖励工资 | 应扣工资 | 实发工资 | 排名 | 等级 |
|---|---|---|---|---|---|---|---|
| 王敏 | 2200.00 | 600.00 | 644.00 | 25.00 | 3419.00 | 1 | 高 |
| 丁伟光 | 1000.00 | 580.00 | 500.00 | 12.00 | 2068.00 | 6 | 中 |
| 吴兰兰 | 1500.00 | 640.00 | 510.00 | 0.00 | 2650.00 | 3 | 中 |
| 许光明 | 800.00 | 620.00 | 450.00 | 0.00 | 1870.00 | 10 | 低 |
| 程坚强 | 900.00 | 450.00 | 480.00 | 15.00 | 1815.00 | 11 | 低 |
| 姜玲燕 | 750.00 | 480.00 | 480.00 | 58.00 | 1652.00 | 12 | 低 |
| 周兆平 | 1200.00 | 620.00 | 580.00 | 20.00 | 2380.00 | 5 | 中 |
| 赵永敏 | 1050.00 | 560.00 | 446.00 | 0.00 | 2056.00 | 7 | 中 |
| 黄永良 | 1800.00 | 850.00 | 850.00 | 125.00 | 3375.00 | 2 | 高 |
| 梁泉涌 | 1500.00 | 700.00 | 480.00 | 64.00 | 2616.00 | 4 | 中 |
| 任广明 | 800.00 | 550.00 | 580.00 | 32.00 | 1898.00 | 9 | 低 |
| 郝海平 | 900.00 | 350.00 | 650.00 | 0.00 | 1900.00 | 8 | 低 |

图 8-10　条件格式的应用 1

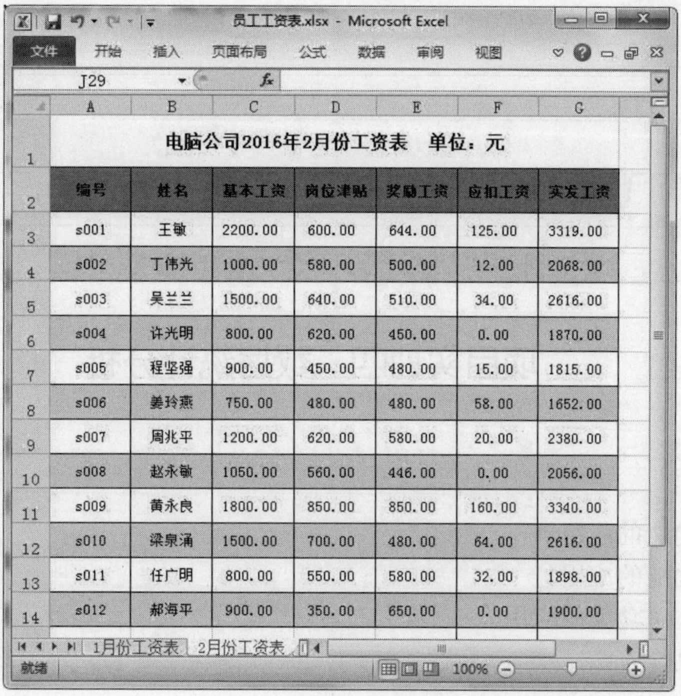

电脑公司2016年2月份工资表　单位：元

| 编号 | 姓名 | 基本工资 | 岗位津贴 | 奖励工资 | 应扣工资 | 实发工资 |
|---|---|---|---|---|---|---|
| s001 | 王敏 | 2200.00 | 600.00 | 644.00 | 125.00 | 3319.00 |
| s002 | 丁伟光 | 1000.00 | 580.00 | 500.00 | 12.00 | 2068.00 |
| s003 | 吴兰兰 | 1500.00 | 640.00 | 510.00 | 34.00 | 2616.00 |
| s004 | 许光明 | 800.00 | 620.00 | 450.00 | 0.00 | 1870.00 |
| s005 | 程坚强 | 900.00 | 450.00 | 480.00 | 15.00 | 1815.00 |
| s006 | 姜玲燕 | 750.00 | 480.00 | 480.00 | 58.00 | 1652.00 |
| s007 | 周兆平 | 1200.00 | 620.00 | 580.00 | 20.00 | 2380.00 |
| s008 | 赵永敏 | 1050.00 | 560.00 | 446.00 | 0.00 | 2056.00 |
| s009 | 黄永良 | 1800.00 | 850.00 | 850.00 | 160.00 | 3340.00 |
| s010 | 梁泉涌 | 1500.00 | 700.00 | 480.00 | 64.00 | 2616.00 |
| s011 | 任广明 | 800.00 | 550.00 | 580.00 | 32.00 | 1898.00 |
| s012 | 郝海平 | 900.00 | 350.00 | 650.00 | 0.00 | 1900.00 |

图 8-11　条件格式的应用 2

5. 制作员工工资条的应用。

（1）打开“员工工资表.xlsx”工作簿，切换至“2 月份工资表”工作表。

（2）创建“2 月份工资表”工作表的副本，修改工作表名称为“工资条”。

（3）清除隔行底纹。用单元格定位“空值”功能，制作员工工资条。工资条如图 8-12 所示。

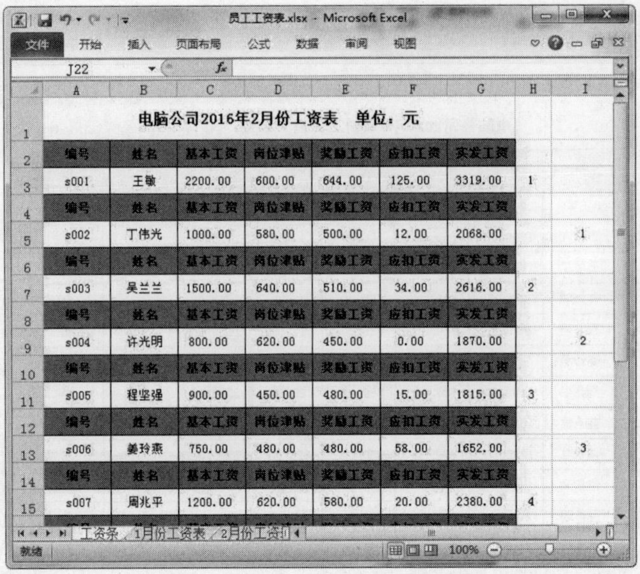


| | A | B | C | D | E | F | G | H | I |
|---|---|---|---|---|---|---|---|---|---|
| 1 | 电脑公司2016年2月份工资表　单位：元 | | | | | | | | |
| 2 | 编号 | 姓名 | 基本工资 | 岗位津贴 | 奖励工资 | 应扣工资 | 实发工资 | | |
| 3 | s001 | 王敏 | 2200.00 | 600.00 | 644.00 | 125.00 | 3319.00 | 1 | |
| 4 | 编号 | 姓名 | 基本工资 | 岗位津贴 | 奖励工资 | 应扣工资 | 实发工资 | | |
| 5 | s002 | 丁伟光 | 1000.00 | 580.00 | 500.00 | 12.00 | 2068.00 | | 1 |
| 6 | 编号 | 姓名 | 基本工资 | 岗位津贴 | 奖励工资 | 应扣工资 | 实发工资 | | |
| 7 | s003 | 吴兰兰 | 1500.00 | 640.00 | 510.00 | 34.00 | 2616.00 | 2 | |
| 8 | 编号 | 姓名 | 基本工资 | 岗位津贴 | 奖励工资 | 应扣工资 | 实发工资 | | |
| 9 | s004 | 许光明 | 800.00 | 620.00 | 450.00 | 0.00 | 1870.00 | | 2 |
| 10 | 编号 | 姓名 | 基本工资 | 岗位津贴 | 奖励工资 | 应扣工资 | 实发工资 | | |
| 11 | s005 | 程坚强 | 900.00 | 450.00 | 480.00 | 15.00 | 1815.00 | 3 | |
| 12 | 编号 | 姓名 | 基本工资 | 岗位津贴 | 奖励工资 | 应扣工资 | 实发工资 | | |
| 13 | s006 | 姜玲燕 | 750.00 | 480.00 | 480.00 | 58.00 | 1652.00 | | 3 |
| 14 | 编号 | 姓名 | 基本工资 | 岗位津贴 | 奖励工资 | 应扣工资 | 实发工资 | | |
| 15 | s007 | 周兆平 | 1200.00 | 620.00 | 580.00 | 20.00 | 2380.00 | 4 | |

图 8-12　工资条

## 四、实训总结

______________________________________________

______________________________________________

______________________________________________

______________________________________________

______________________________________________

# 项目实训四　数据统计分析

## 一、实训目的

1. 掌握筛选功能的应用。
2. 掌握排序功能的应用。
3. 掌握分类汇总功能的应用。
4. 掌握图表制作方法。

## 二、实训内容

1. 数据筛选。
2. 数据排序。
3. 数据的分类汇总。
4. 利用图表进行数据分析。

## 三、实训要求

1．数据筛选。

（1）打开“员工工资表.xlsx”工作簿，创建“2 月份工资表”工作表的副本，修改其名称为“筛选”。

（2）筛选出“基本工资”大于或等于 1500，小于或等于 2000，且“岗位津贴”大于 700 的员工信息。筛选结果如图 8-13 所示。

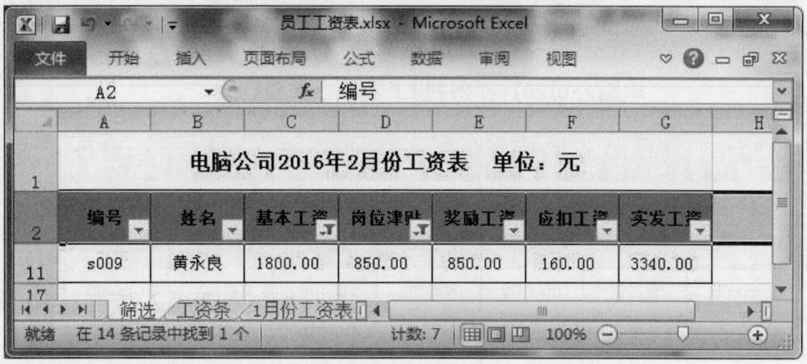


图 8-13　筛选结果

（3）打开“员工信息管理.xlsx”工作簿，创建“员工信息表”工作表的副本，修改其名称为“筛选 1”，并筛选出“销售部”的所有“女”员工的信息。

（4）创建“员工信息表”工作表的副本，修改其名称为“筛选 2”，并筛选出所有 1985 年以后出生的“男”员工信息。

（5）创建“员工信息表”工作表的副本，修改其名称为“筛选 3”，并筛选出所有姓“周”的“女”员工信息。

（6）创建“员工信息表”工作表的副本，修改其名称为“高级筛选”，利用高级筛选功能筛选出所有年龄在 18～30 岁之间的“女”员工信息。高级筛选结果如图 8-14 所示。

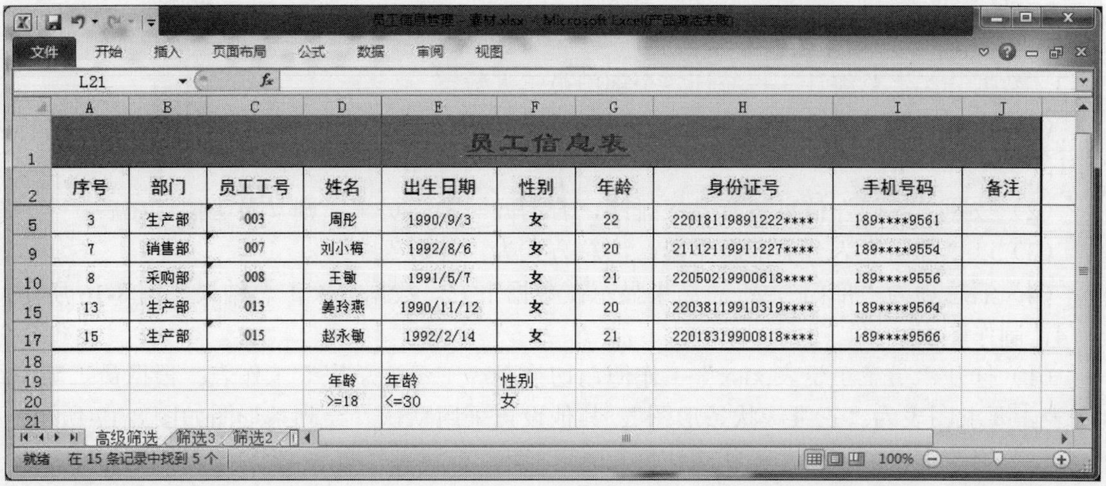


图 8-14　高级筛选结果

2．数据排序。

（1）打开“员工工资表.xlsx”工作簿，创建“2 月份工资表”副本，并修改其名称为“2 月份工资排序表”。

（2）以“实发工资”为主要关键字降序排列，以“基本工资”为次要关键字降序排列。排序效果如图 8-15 所示。

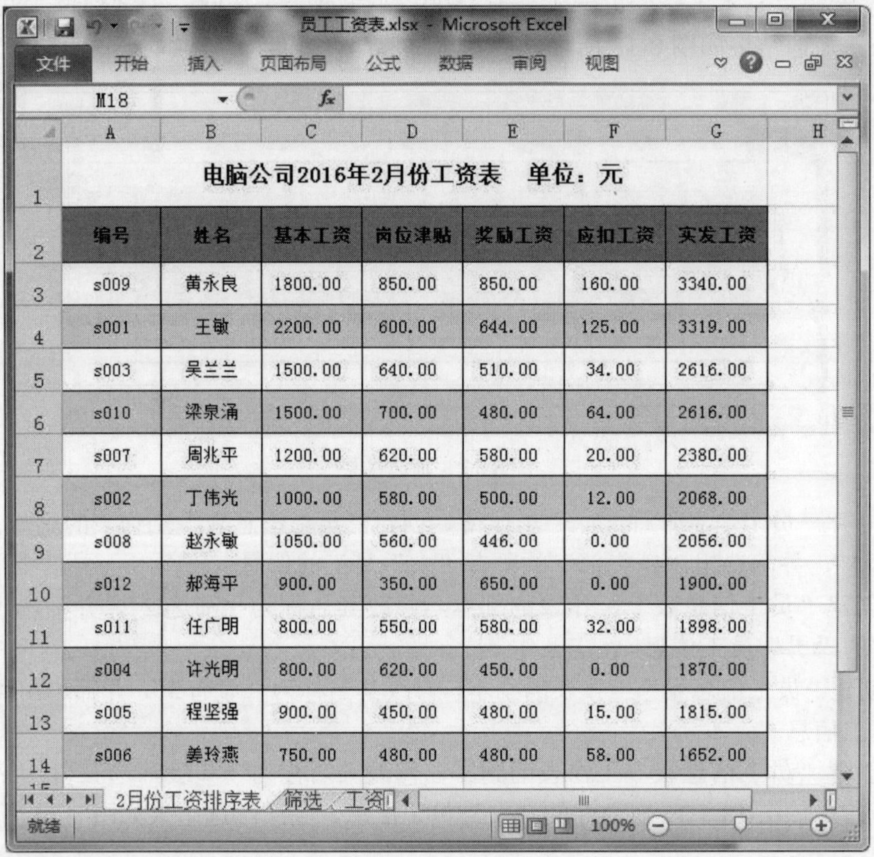


电脑公司2016年2月份工资表　单位：元

| 编号 | 姓名 | 基本工资 | 岗位津贴 | 奖励工资 | 应扣工资 | 实发工资 |
|---|---|---|---|---|---|---|
| s009 | 黄永良 | 1800.00 | 850.00 | 850.00 | 160.00 | 3340.00 |
| s001 | 王敏 | 2200.00 | 600.00 | 644.00 | 125.00 | 3319.00 |
| s003 | 吴兰兰 | 1500.00 | 640.00 | 510.00 | 34.00 | 2616.00 |
| s010 | 梁泉涌 | 1500.00 | 700.00 | 480.00 | 64.00 | 2616.00 |
| s007 | 周兆平 | 1200.00 | 620.00 | 580.00 | 20.00 | 2380.00 |
| s002 | 丁伟光 | 1000.00 | 580.00 | 500.00 | 12.00 | 2068.00 |
| s008 | 赵永敏 | 1050.00 | 560.00 | 446.00 | 0.00 | 2056.00 |
| s012 | 郝海平 | 900.00 | 350.00 | 650.00 | 0.00 | 1900.00 |
| s011 | 任广明 | 800.00 | 550.00 | 580.00 | 32.00 | 1898.00 |
| s004 | 许光明 | 800.00 | 620.00 | 450.00 | 0.00 | 1870.00 |
| s005 | 程坚强 | 900.00 | 450.00 | 480.00 | 15.00 | 1815.00 |
| s006 | 姜玲燕 | 750.00 | 480.00 | 480.00 | 58.00 | 1652.00 |

图 8-15　排序效果

3．数据分类汇总统计——统计各个部门员工人数。

（1）打开“员工信息管理.xlsx”工作簿，创建“员工信息表”副本，并修改其名称为“统计”。

（2）按照“部门”信息进行升序排序，若为同一部门员工，则女员工信息在后。

（3）以“部门”为分类汇总字段，汇总方式为“计数”。

（4）汇总项为“部门”，汇总结果显示在数据下方。数据分类汇总结果如图 8-16 所示。

4．制作图表。

（1）打开“员工工资表.xlsx”工作簿，切换至“工资汇总表”工作表；根据员工工资绘制图表，要求图表为“三维簇状条形图”，其他设置采用默认。绘制条形图如图 8-17 所示。

（2）修改图表类型为“簇状圆柱型”，修改图表布局为“布局 3”，图表标题为“工资汇总表”，字体大小设置为 20 磅。

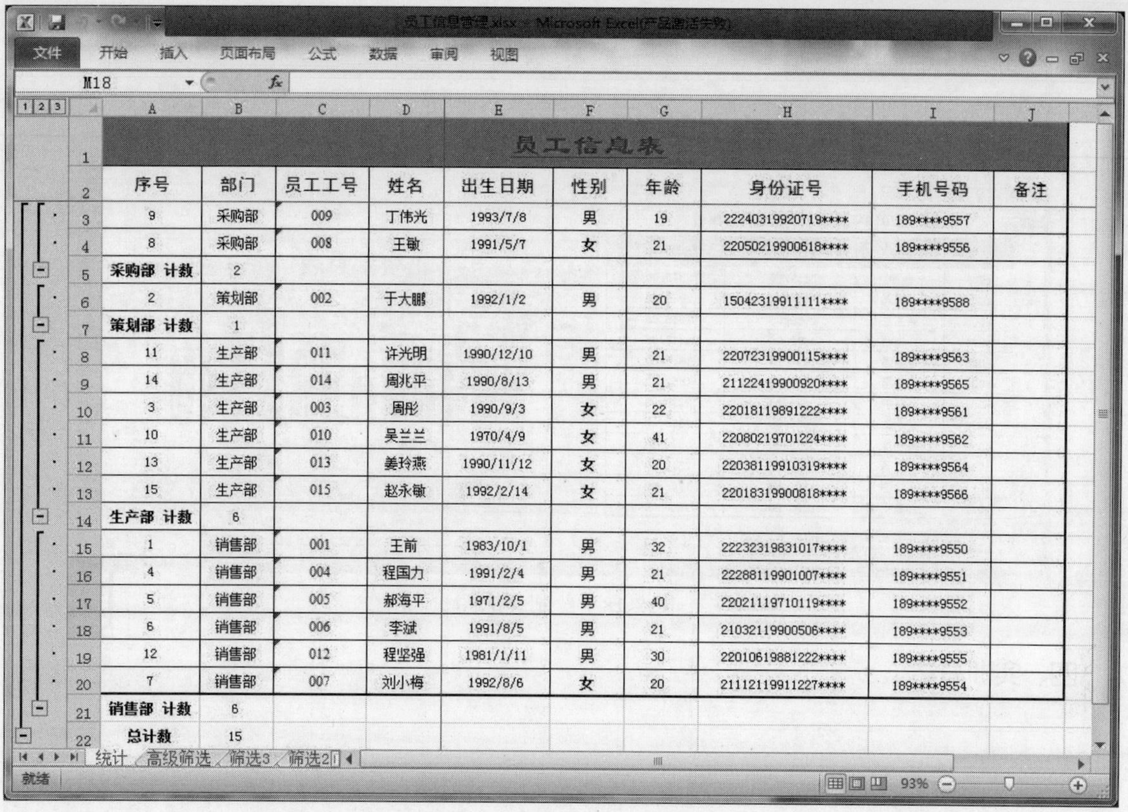

| | | | | | | | | | |
|---|---|---|---|---|---|---|---|---|---|
| 员工信息表 | | | | | | | | | |
| 序号 | 部门 | 员工工号 | 姓名 | 出生日期 | 性别 | 年龄 | 身份证号 | 手机号码 | 备注 |
| 9 | 采购部 | 009 | 丁伟光 | 1993/7/8 | 男 | 19 | 22240319920719**** | 189****9557 | |
| 8 | 采购部 | 008 | 王敏 | 1991/5/7 | 女 | 21 | 22050219900618**** | 189****9556 | |
| 采购部 计数 | 2 | | | | | | | | |
| 2 | 策划部 | 002 | 于大鹏 | 1992/1/2 | 男 | 20 | 15042319911111**** | 189****9588 | |
| 策划部 计数 | 1 | | | | | | | | |
| 11 | 生产部 | 011 | 许光明 | 1990/12/10 | 男 | 21 | 22072319900115**** | 189****9563 | |
| 14 | 生产部 | 014 | 周兆平 | 1990/8/13 | 男 | 21 | 21122419900920**** | 189****9565 | |
| 3 | 生产部 | 003 | 周彤 | 1990/9/3 | 女 | 22 | 22018119891222**** | 189****9561 | |
| 10 | 生产部 | 010 | 吴兰兰 | 1970/4/9 | 女 | 41 | 22080219701224**** | 189****9562 | |
| 13 | 生产部 | 013 | 姜玲燕 | 1990/11/12 | 女 | 20 | 22038119910319**** | 189****9564 | |
| 15 | 生产部 | 015 | 赵永敏 | 1992/2/14 | 女 | 21 | 22018319900818**** | 189****9566 | |
| 生产部 计数 | 6 | | | | | | | | |
| 1 | 销售部 | 001 | 王前 | 1983/10/1 | 男 | 32 | 22232319831017**** | 189****9550 | |
| 4 | 销售部 | 004 | 程国力 | 1991/2/4 | 男 | 21 | 22288119901007**** | 189****9551 | |
| 5 | 销售部 | 005 | 郝海平 | 1971/2/5 | 男 | 40 | 22021119710119**** | 189****9552 | |
| 6 | 销售部 | 006 | 李斌 | 1991/8/5 | 男 | 21 | 21032119900506**** | 189****9553 | |
| 12 | 销售部 | 012 | 程坚强 | 1981/1/11 | 男 | 30 | 22010619881222**** | 189****9555 | |
| 7 | 销售部 | 007 | 刘小梅 | 1992/8/6 | 女 | 20 | 21112119911227**** | 189****9554 | |
| 销售部 计数 | 6 | | | | | | | | |
| 总计数 | 15 | | | | | | | | |

图 8-16　数据分类汇总结果

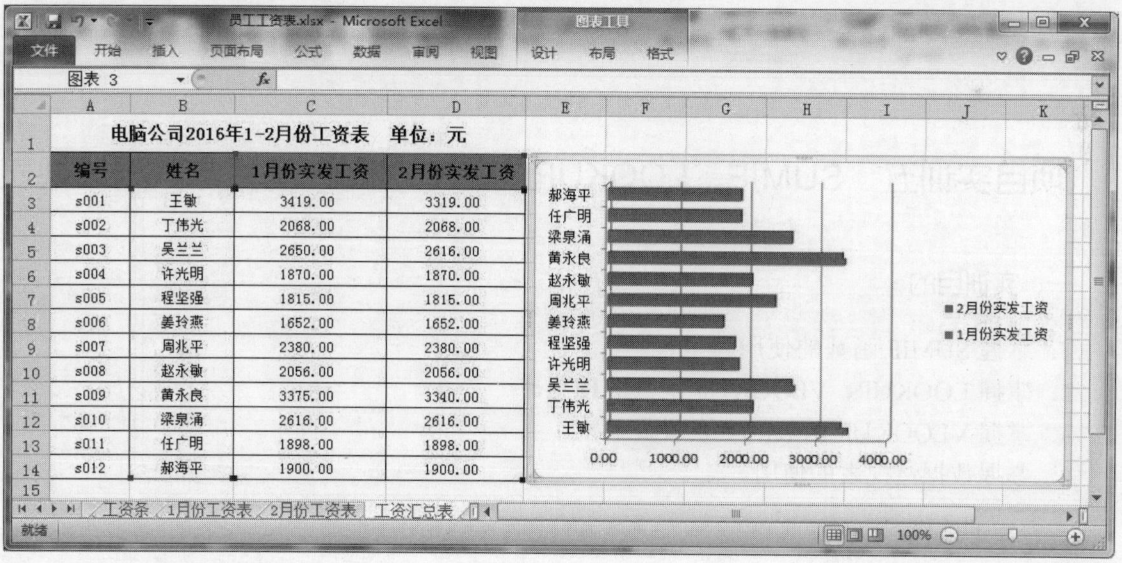

| | | | |
|---|---|---|---|
| 电脑公司2016年1-2月份工资表　单位：元 | | | |
| 编号 | 姓名 | 1月份实发工资 | 2月份实发工资 |
| s001 | 王敏 | 3419.00 | 3319.00 |
| s002 | 丁伟光 | 2068.00 | 2068.00 |
| s003 | 吴兰兰 | 2650.00 | 2616.00 |
| s004 | 许光明 | 1870.00 | 1870.00 |
| s005 | 程坚强 | 1815.00 | 1815.00 |
| s006 | 姜玲燕 | 1652.00 | 1652.00 |
| s007 | 周兆平 | 2380.00 | 2380.00 |
| s008 | 赵永敏 | 2056.00 | 2056.00 |
| s009 | 黄永良 | 3375.00 | 3340.00 |
| s010 | 梁泉涌 | 2616.00 | 2616.00 |
| s011 | 任广明 | 1898.00 | 1898.00 |
| s012 | 郝海平 | 1900.00 | 1900.00 |



图 8-17　绘制条形图

（3）修改数值轴数值以整数形式显示。

（4）修改图表，将图例边框设置为实线，边框颜色改为紫色，强调文字颜色 4、深色 25%。图表区域纯色填充，设置为深蓝、文字 2、淡色 80%。绘制柱形图如图 8-18 所示。

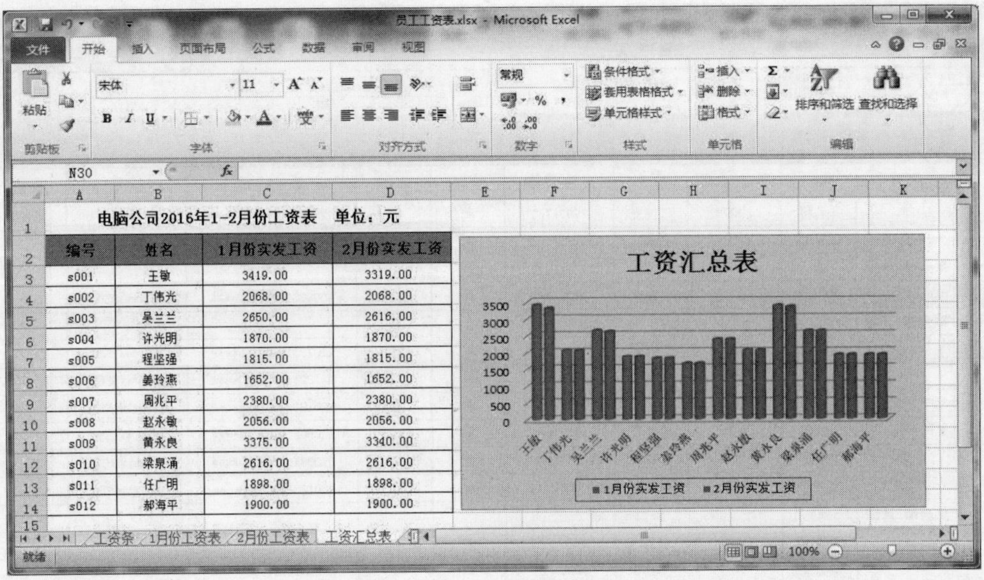


图 8-18　绘制柱形图

## 四、实训总结

______________________________________________________________________

______________________________________________________________________

______________________________________________________________________

______________________________________________________________________

______________________________________________________________________

# 项目实训五　SUMIF、LOOKUP、VLOOKUP 函数与数据透视表

## 一、实训目的

1. 掌握 SUMIF 函数的使用。
2. 掌握 LOOKUP、VLOOKUP 函数的使用。
3. 掌握 VLOOKUP 函数的多表联查。
4. 掌握数据透视表的使用。

## 二、实训内容

1. LOOKUP 函数中参数的设置。
2. VLOOKUP 函数中参数的设置。
3. 用 SUMIF 函数进行条件求和。
4. 利用数据透视表进行数据汇总。

## 三、实训要求

1．打开“AAA 公司产品订货清单.xlsx”工作簿：依据单元格区域 I3:J8 中数据，使用 LOOKUP 函数依据工作表中给出的“产品单价”数据计算“单价”列数据。

2．计算订货清单中“订单金额”列数据，“订单金额”=“单价”×“数量”。

3．在 D33 单元格中使用 SUMIF 函数计算产品 SGZY-01 的订单“数量”。

4．在 E33 单元格中使用 SUMIF 函数计算产品 SGZY-01 的订单“订单金额”。

5．在 I13:K21 区域内，使用 VLOOKUP 函数，在“AAA 公司产品订货清单”与“客户信息表”中根据产品代码查询客户姓名。

6．在 M4:T23 区域内，插入数据透视表，要求查询出每名客户的所有订单数量，进行汇总。

最终效果如图 8-19 所示。

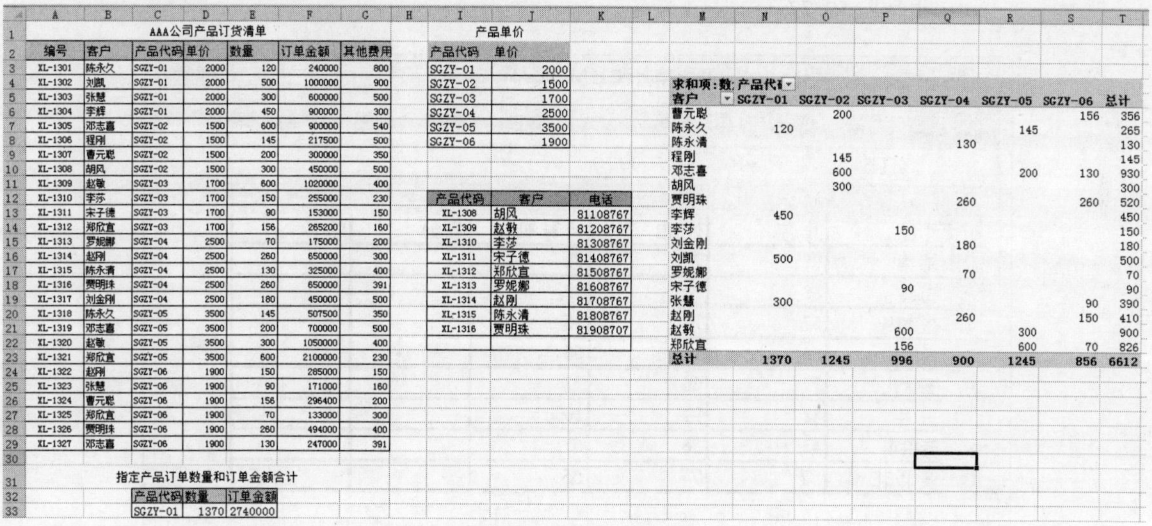

图 8-19 最终效果

## 四、实训总结

______________________________________________

______________________________________________

______________________________________________

______________________________________________

______________________________________________

# 综合实训

1．新建一个 Excel 工作簿，以自己“学号+姓名”命名（如“01 张萍”），并保存在 D 盘根目录。

2．已知数据文本如下，利用 Word 2010 中的表格的“文本转换为表格”功能将数据转换成图 8-20 所示的电子表格，并保存于 Sheet1 工作表中。

姓名, 数　学, 外　语, 计 算 机, 总　分, 总 评
吴　华, 98, 77, 88
钱　玲, 88, 90, 99
张家鸣, 67, 76, 76
杨梅华, 66, 77, 66
汤沐化, 77, 66, 77
王　平, 88, 92, 100
苏丹平, 43, 56, 67
黄亚非, 57, 77, 65

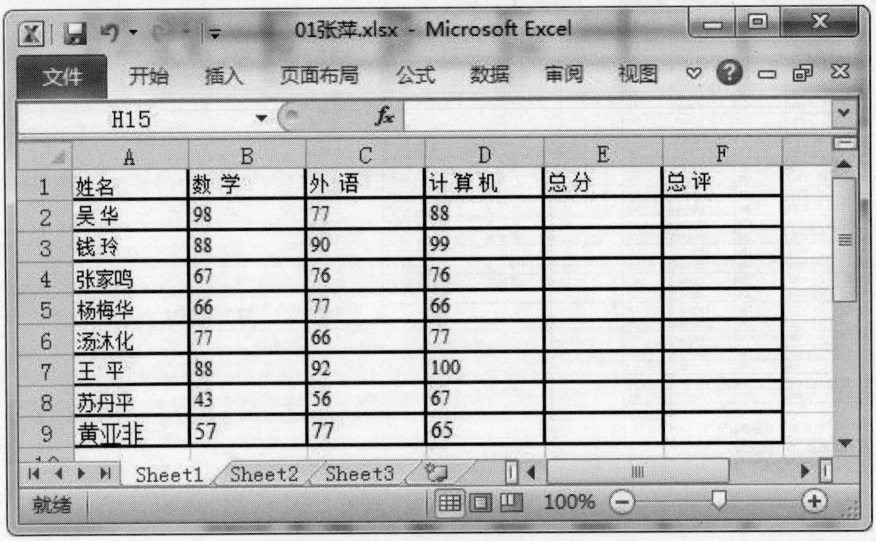


图 8-20　数据表

3．设计表格。

（1）建立 Sheet1 工作表副本，修改其名称为“成绩表”。

（2）在单元格 A10、A11 中分别录入“平均分”和“最高分”。

（3）利用公式和函数计算每名学生的总分及各科目的最高分和平均分。

（4）如果该生的“总分”大于“平均总分”，则将该生的总评设置为“高”，否则为空白。

（5）合并单元格 A12:F12，并录入制表日期。

4．美化“成绩表”工作表。

（1）第一行前插入空白标题行，合并单元格区域 A1:F1，标题内容为“信息管理与信息系统专业部分学生成绩表”；字体为华文彩云，字体大小为 20 磅。

（2）设置工作表中各列列宽为 12 磅，第一行行高设为 60 磅，第二行行高设为 30 磅，其余数据行行高设为 25 磅。

（3）设置列标题字体为粗体，字体大小为 14 磅。

（4）设置数据单元格内容水平、垂直居中，平均分保留 1 位小数。

（5）设置制表日期字体为隶书、加粗倾斜，字体大小为 12 磅。

（6）设置表格边框线，内部为浅蓝细线，外部为橙色粗线。

（7）利用条件格式功能实现学生的每门课程中不及格的分数以粗体、蓝色、黄色底纹显示。最终效果如图 8-21 所示。

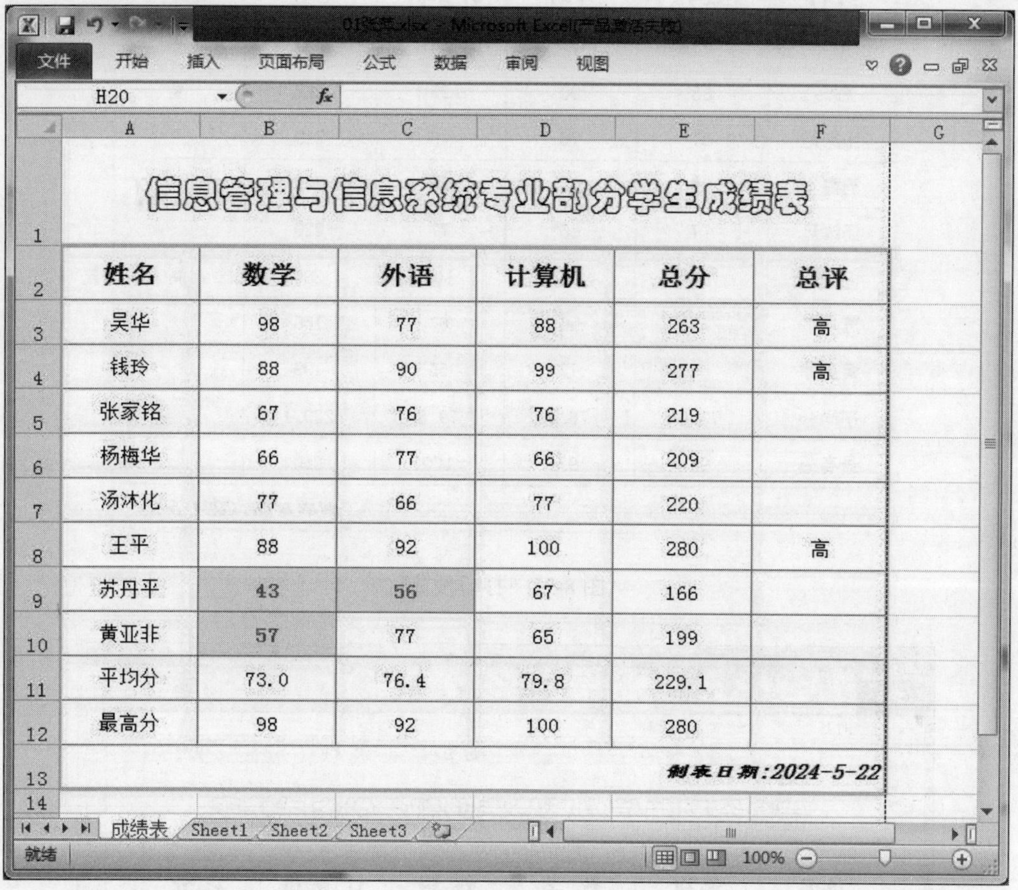

信息管理与信息系统专业部分学生成绩表

| 姓名 | 数学 | 外语 | 计算机 | 总分 | 总评 |
|---|---|---|---|---|---|
| 吴华 | 98 | 77 | 88 | 263 | 高 |
| 钱玲 | 88 | 90 | 99 | 277 | 高 |
| 张家铭 | 67 | 76 | 76 | 219 | |
| 杨梅华 | 66 | 77 | 66 | 209 | |
| 汤沐化 | 77 | 66 | 77 | 220 | |
| 王平 | 88 | 92 | 100 | 280 | 高 |
| 苏丹平 | 43 | 56 | 67 | 166 | |
| 黄亚非 | 57 | 77 | 65 | 199 | |
| 平均分 | 73.0 | 76.4 | 79.8 | 229.1 | |
| 最高分 | 98 | 92 | 100 | 280 | |

制表日期:2024-5-22

图 8-21　最终效果

5．“成绩表”工作表页面设置及打印预览。

（1）设置纸张为“A4”，表格打印设置为水平、垂直居中，上、下边距为 3 厘米，左、右边距为 2.5 厘米，页眉、页脚为 1.5 厘米。

（2）设置页眉为“成绩表”，格式为居中、粗斜体，页脚为系统当前日期，位置靠右。打印预览如图 8-22 所示。

6．为“成绩表”工作表中的单元格区域 B3:D10 添加有效性验证，要求只能录入 0～100 分的数据。使用鼠标选中时，给出提示“只能录入 0～100 之间的数”。

7．将“成绩表”中数据 A3:E10 复制到 Sheet3 工作表中，清除表中的格式，增加性别字段并输入相应数据。学生成绩表如图 8-23 所示。

***成绩表***

**信息管理与信息系统专业部分学生成绩表**

| 姓名 | 数学 | 外语 | 计算机 | 总分 | 总评 |
|---|---|---|---|---|---|
| 吴华 | 98 | 77 | 88 | 263 | 高 |
| 钱玲 | 88 | 90 | 99 | 277 | 高 |
| 张家铭 | 67 | 76 | 76 | 219 | |
| 杨梅华 | 66 | 77 | 66 | 209 | |
| 汤沐化 | 77 | 66 | 77 | 220 | |
| 王平 | 88 | 92 | 100 | 280 | 高 |
| 苏丹平 | 43 | 56 | 67 | 166 | |
| 黄亚非 | 57 | 77 | 65 | 199 | |
| 平均分 | 73.0 | 76.4 | 79.8 | 229.1 | |
| 最高分 | 98 | 92 | 100 | 280 | |

***制表日期：2024-5-22***

图 8-22　打印预览

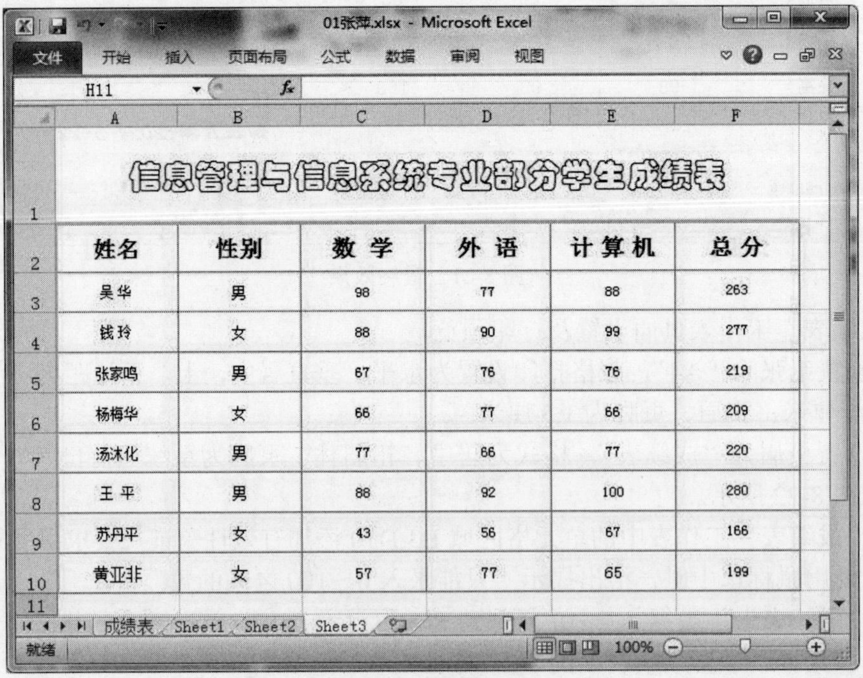


图 8-23　学生成绩表

8．创建 Sheet3 工作表的副本，重命名为“排序”，对“排序”工作表中的数据按照“性别”排序，男同学信息在前面，女同学信息在后面，性别相同的按照“总分”降序排列，若性别和总分都相同，则按照“计算机”分数降序排列。排序效果如图 8-24 所示。

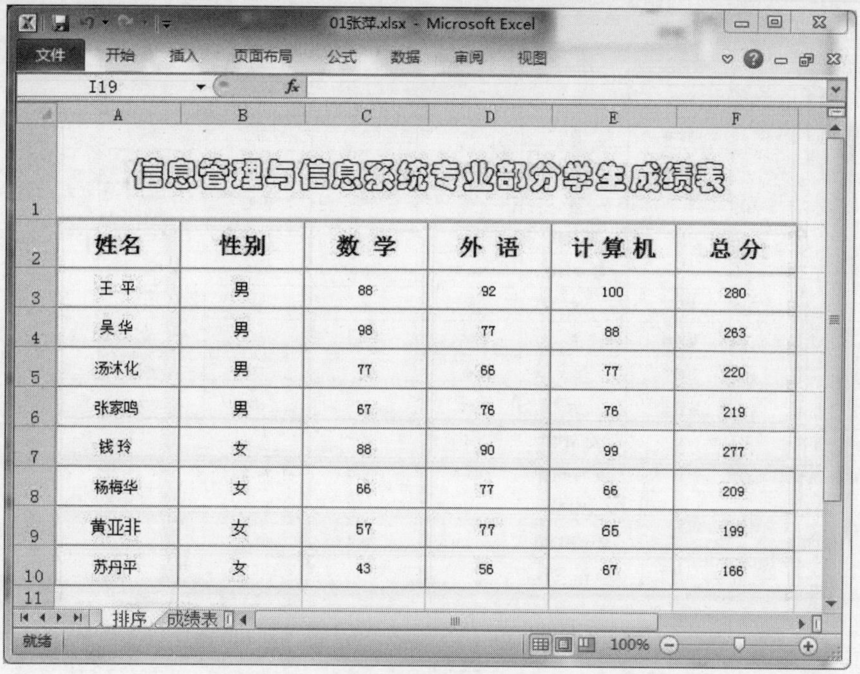

信息管理与信息系统专业部分学生成绩表

| 姓名 | 性别 | 数 学 | 外 语 | 计 算 机 | 总 分 |
|---|---|---|---|---|---|
| 王 平 | 男 | 88 | 92 | 100 | 280 |
| 吴华 | 男 | 98 | 77 | 88 | 263 |
| 汤沐化 | 男 | 77 | 66 | 77 | 220 |
| 张家鸣 | 男 | 67 | 76 | 76 | 219 |
| 钱玲 | 女 | 88 | 90 | 99 | 277 |
| 杨梅华 | 女 | 66 | 77 | 66 | 209 |
| 黄亚非 | 女 | 57 | 77 | 65 | 199 |
| 苏丹平 | 女 | 43 | 56 | 67 | 166 |

图 8-24　排序效果

9．创建 Sheet3 工作表的副本，重命名为“筛选”。在“筛选”工作表中筛选出总分小于 200 或者大于 270 的女生信息。筛选效果如图 8-25 所示。

10．创建 Sheet3 工作表的副本，重命名为“分类汇总”。利用分类汇总功能分别统计出男生和女生的各科平均成绩（不包括总分），平均成绩保留 1 位小数。在原有分类汇总的基础上，再汇总出男生和女生的人数，汇总数据显示在数据下方。分类汇总效果如图 8-26 所示。

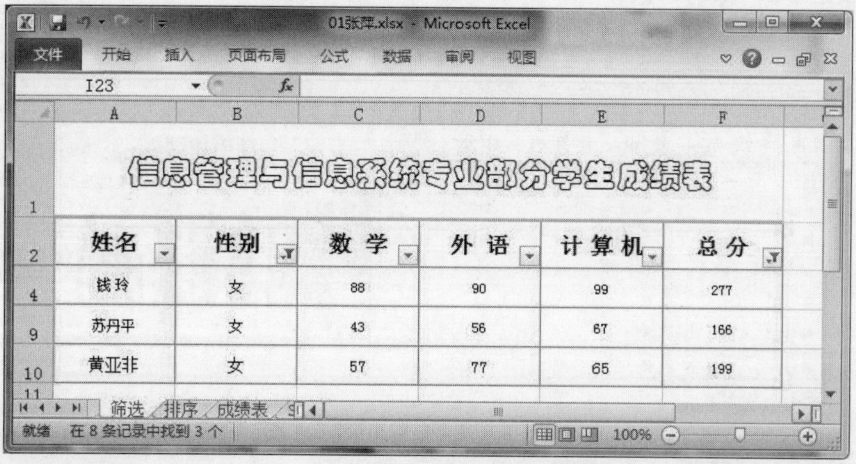

信息管理与信息系统专业部分学生成绩表

| 姓名 | 性别 | 数 学 | 外 语 | 计 算 机 | 总 分 |
|---|---|---|---|---|---|
| 钱玲 | 女 | 88 | 90 | 99 | 277 |
| 苏丹平 | 女 | 43 | 56 | 67 | 166 |
| 黄亚非 | 女 | 57 | 77 | 65 | 199 |

图 8-25　筛选效果

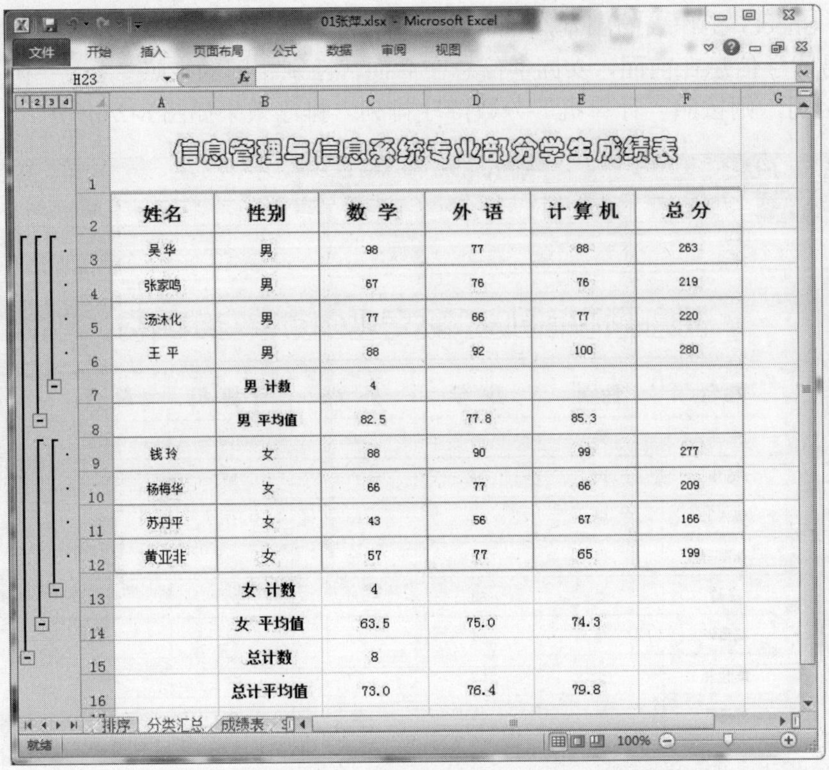

| 姓名 | 性别 | 数 学 | 外 语 | 计算机 | 总 分 |
|---|---|---|---|---|---|
| 吴华 | 男 | 98 | 77 | 88 | 263 |
| 张家鸣 | 男 | 67 | 76 | 76 | 219 |
| 汤沐化 | 男 | 77 | 66 | 77 | 220 |
| 王 平 | 男 | 88 | 92 | 100 | 280 |
| | 男 计数 | 4 | | | |
| | 男 平均值 | 82.5 | 77.8 | 85.3 | |
| 钱玲 | 女 | 88 | 90 | 99 | 277 |
| 杨梅华 | 女 | 66 | 77 | 66 | 209 |
| 苏丹平 | 女 | 43 | 56 | 67 | 166 |
| 黄亚非 | 女 | 57 | 77 | 65 | 199 |
| | 女 计数 | 4 | | | |
| | 女 平均值 | 63.5 | 75.0 | 74.3 | |
| | 总计数 | 8 | | | |
| | 总计平均值 | 73.0 | 76.4 | 79.8 | |

图 8-26　分类汇总效果

11．创建图表。

（1）创建 Sheet3 工作表的副本，重命名为“图表”。

（2）在当前“图表”工作表中创建“嵌入”的“三维簇状柱形图”，数据系列为“姓名”“数学”“外语”“计算机”，添加图表标题为“学生成绩表”，主坐标轴名称为“姓名”。图表效果如图 8-27 所示。

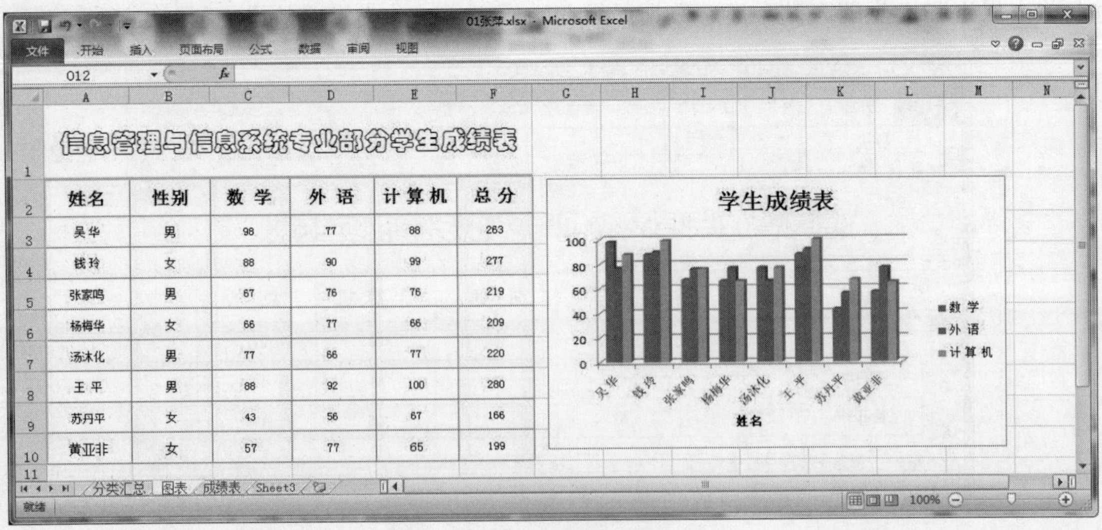

| 姓名 | 性别 | 数 学 | 外 语 | 计算机 | 总 分 |
|---|---|---|---|---|---|
| 吴华 | 男 | 98 | 77 | 88 | 263 |
| 钱玲 | 女 | 88 | 90 | 99 | 277 |
| 张家鸣 | 男 | 67 | 76 | 76 | 219 |
| 杨梅华 | 女 | 66 | 77 | 66 | 209 |
| 汤沐化 | 男 | 77 | 66 | 77 | 220 |
| 王 平 | 男 | 88 | 92 | 100 | 280 |
| 苏丹平 | 女 | 43 | 56 | 67 | 166 |
| 黄亚非 | 女 | 57 | 77 | 65 | 199 |



图 8-27　图表效果

12．修改图表。

（1）将“学生成绩表”图表中“数学”数据系列删除，并删除图例中的“数学”图例。

（2）设置所有数据系列列宽为 15 磅。

（3）将该图表移动、放大到 E2:K13 区域。

（4）将图表中“计算机”数据系列增加以“值”显示的数据标记。

（5）将图表标题“学生成绩表”设置为方正舒体，字体大小为 18 磅。

（6）将图表边框颜色设置为绿色，线型设置为实线，边框样式设置为 2 磅、圆角，并将图例位置设置为图表区的底部。

（7）设置学生姓名字体大小为 9 磅，数值轴字体大小为 9 磅。

（8）设置图例字体大小为 9 磅。

（9）将数值轴的主要刻度间距改为 20 磅。图表效果如图 8-28 所示。

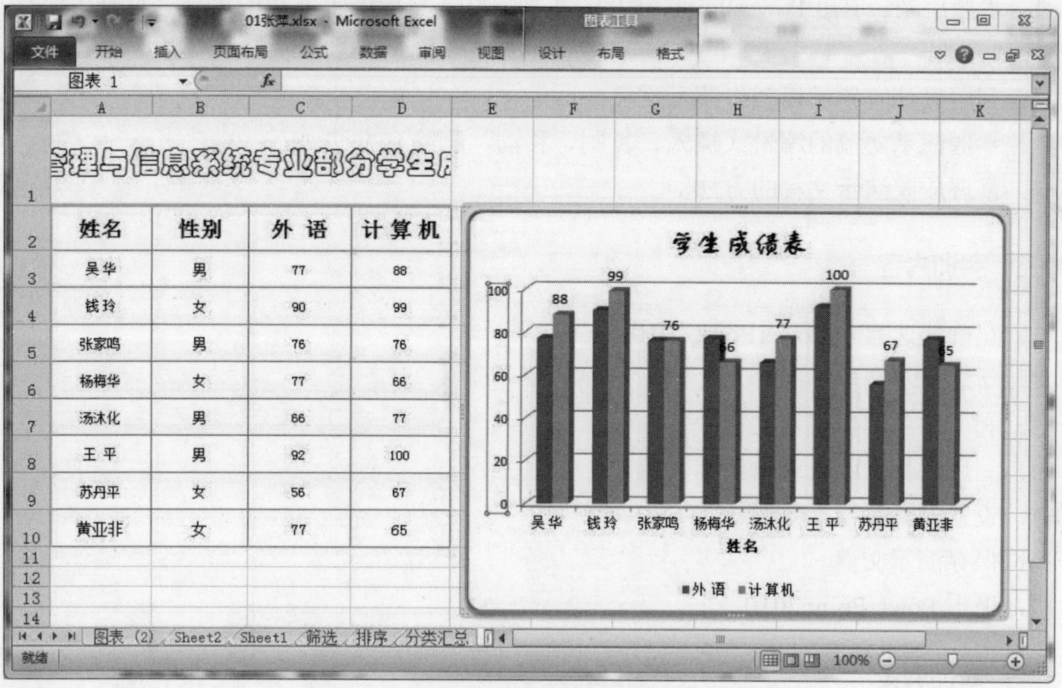


图 8-28　图表效果

# 学习项目九　演示文稿软件 PowerPoint 应用

## 项目实训一　制作演示文稿

### 一、实训目的

1．掌握启动、退出 PowerPoint 2010 的各种方法，掌握演示文稿的创建、打开、保存及关闭的各种方法。

2．利用设计主题模板制作演示文稿。

3．掌握演示文稿的编辑（插入、复制、移动、删除）方法。

4．掌握放映演示文稿的方法。

### 二、实训内容

1．正确快速启动 PowerPoint 2010。

2．新建演示文稿。

3．利用主题制作演示文稿。

4．利用幻灯片版式编辑演示文稿。

5．设置幻灯片切换效果。

6．保存演示文稿。

7．退出 PowerPoint 2010。

### 三、实训要求

1．新建演示文稿。

2．设置演示文稿的主题为“新闻纸”。

3．设置幻灯片的版式为“标题和内容”版式。

4．标题幻灯片中标题为“辽宁省”，副标题为“沈阳市”。

5．根据“项目九素材.docx”给定的内容制作其他幻灯片。

6．将幻灯片的切换效果设置为“分割”，应用于所有幻灯片。

7．保存演示文稿的文件名为“介绍沈阳市.pptx”和“介绍沈阳市.ppsx”。

8．幻灯片效果如图 9-1～图 9-8 所示。

图 9-1　幻灯片 1

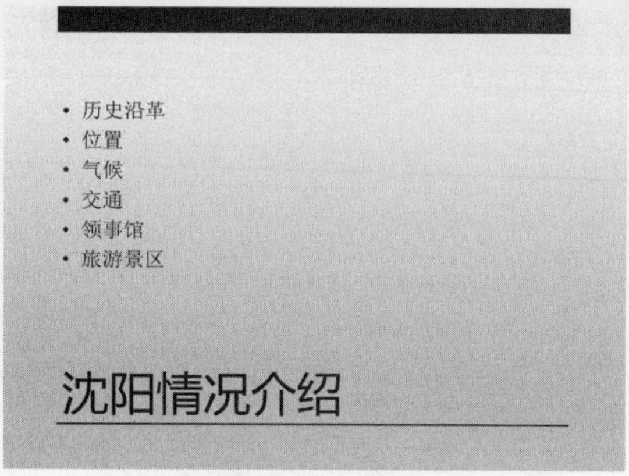


图 9-2　幻灯片 2

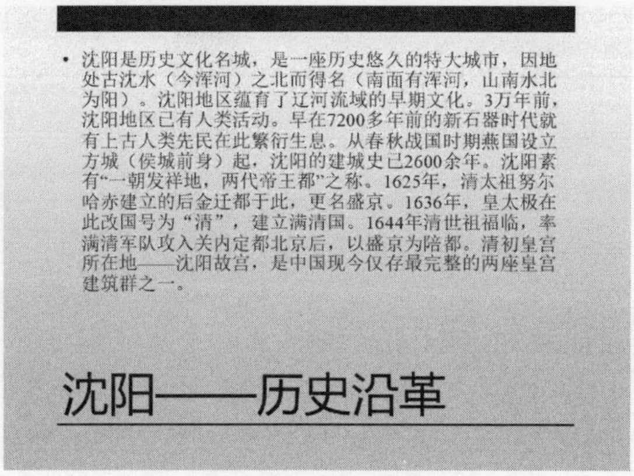


图 9-3　幻灯片 3

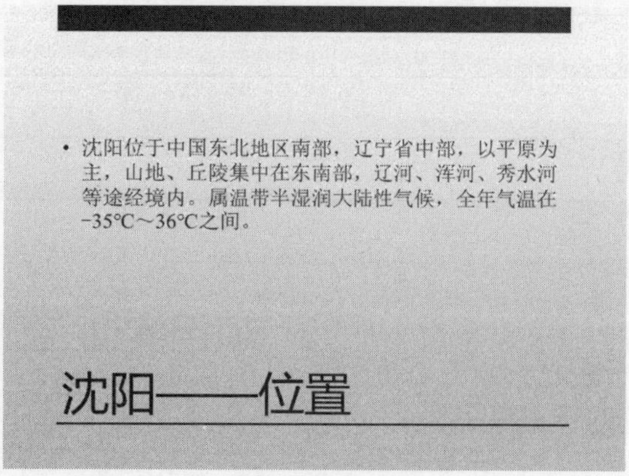


图 9-4　幻灯片 4

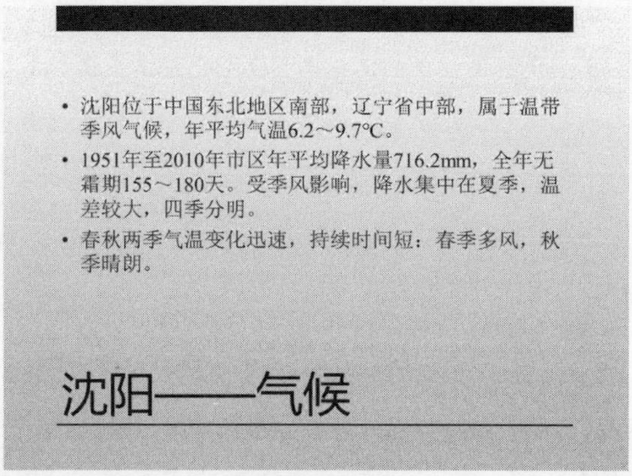


图 9-5　幻灯片 5

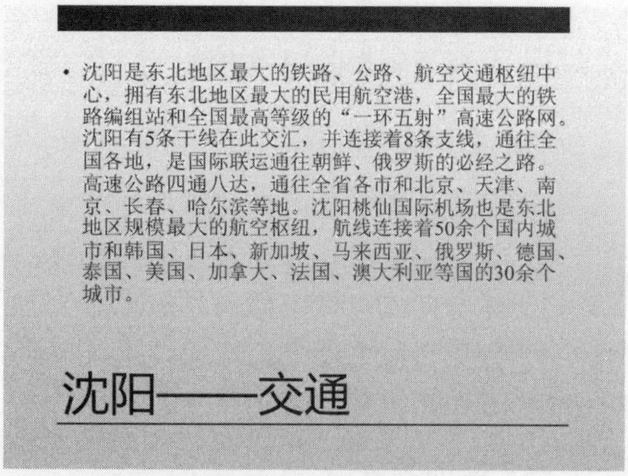


图 9-6　幻灯片 6

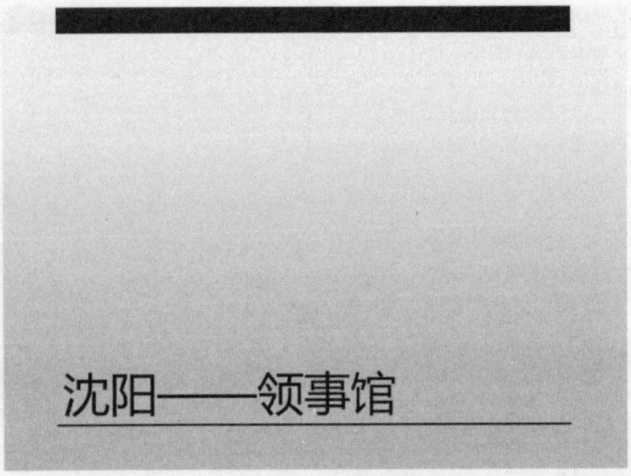


图 9-7 幻灯片 7

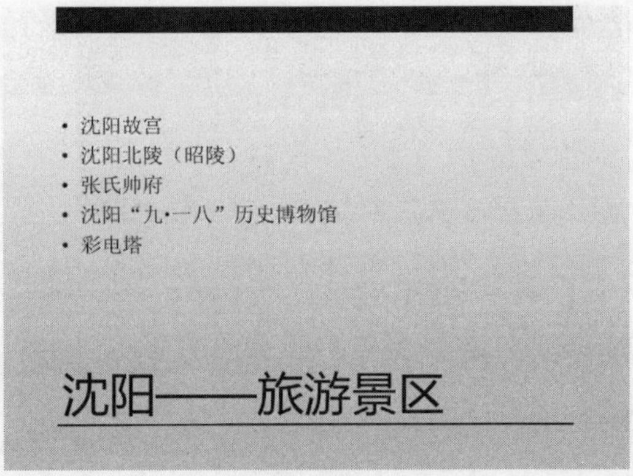


图 9-8 幻灯片 8

### 四、实训总结

## 项目实训二 修饰和美化演示文稿

### 一、实训目的

1．掌握图片的插入及设置方法。
2．掌握表格的插入及设置方法。
3．掌握 SmartArt 对象的插入及设置方法。
4．掌握母版的应用方法。
5．掌握超链接的应用方法。

### 二、实训内容

1．学会向幻灯片中插入图片并设置。
2．学会向幻灯片中插入表格并设置。
3．学会向幻灯片中插入 SmartArt 对象并设置。
4．使用母版为每张幻灯片设置统一风格。
5．使用超链接的方法导航幻灯片。

### 三、实训要求

1．打开“介绍沈阳市-素材.pptx”幻灯片。

2．在第 7 张幻灯片中插入表格。

3．复制第 8 张幻灯片，粘贴到第 8 张幻灯片后。

4．将第 9 张幻灯片的所有项目变为以此为标题的多张幻灯片。

5．将第 9 张幻灯片删除。

6．根据“项目九素材.docx”的内容分别创建第 9～14 张幻灯片。

7．向第 9～14 张幻灯片中插入图片。

8．设计标题母版和幻灯片母版美化幻灯片，在幻灯片母版中插入幻灯片编号。

9．将第 8 张幻灯片的项目内容删除，插入 SmartArt 对象“垂直图片列表”并设置样式为“卡通”效果。

10．为第 8 张幻灯片的项目设置超链接和超链接的描述文字，分别跳转到第 9、10、11、13、14 张幻灯片。

11．在第 9、10、12、13、14 张幻灯片中插入动作按钮并设置跳转到第 8 张幻灯片。

12．修改超链接的颜色为白色，访问过的超链接为橙色。

13．保存演示文稿的文件名为“介绍沈阳市-效果.pptx”。

14．幻灯片效果如图 9-9～图 9-22 所示。

图 9-9　幻灯片 1

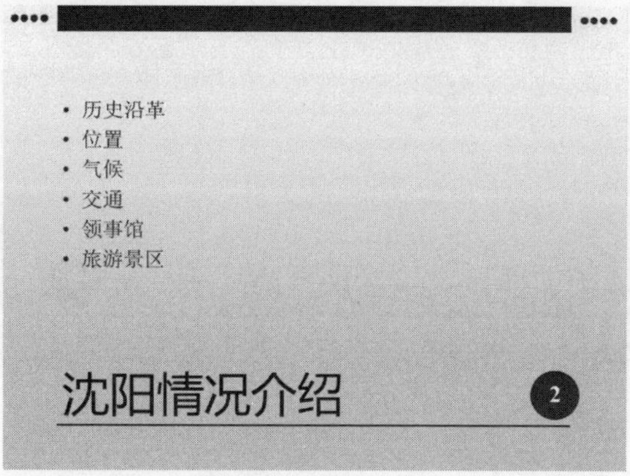


图 9-10　幻灯片 2

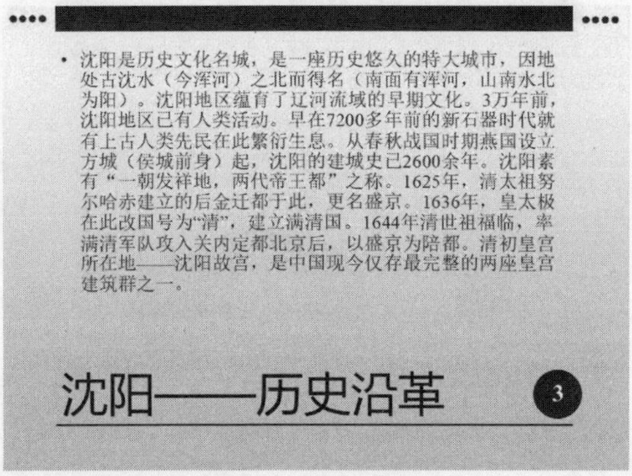


图 9-11　幻灯片 3

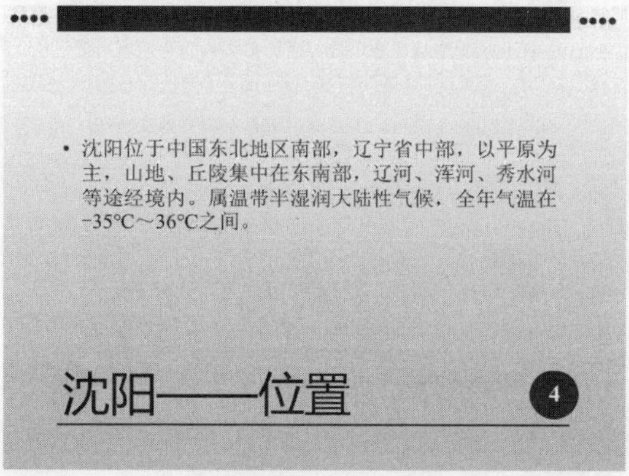


图 9-12　幻灯片 4

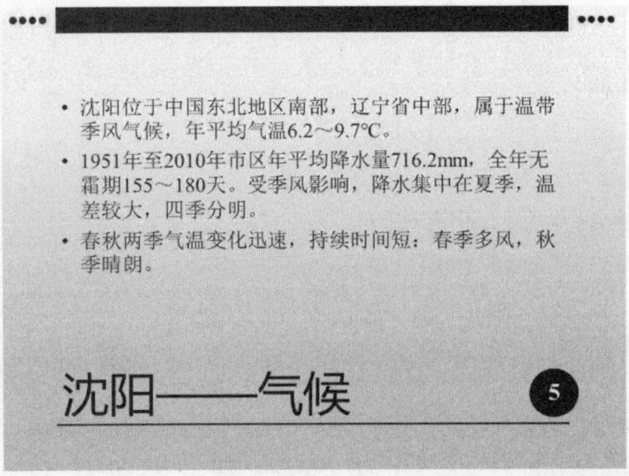


图 9-13 幻灯片 5

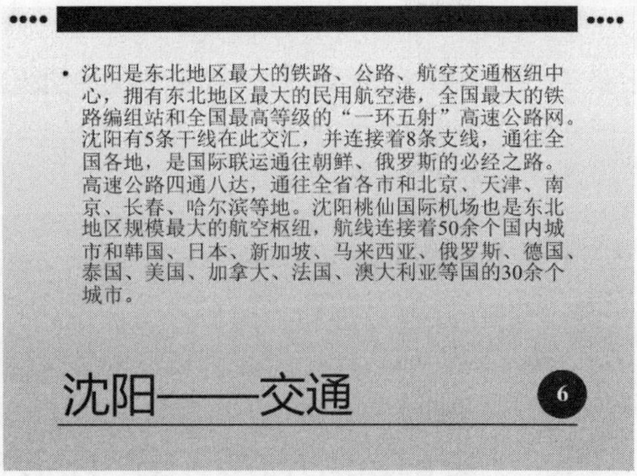


图 9-14 幻灯片 6

图 9-15 幻灯片 7

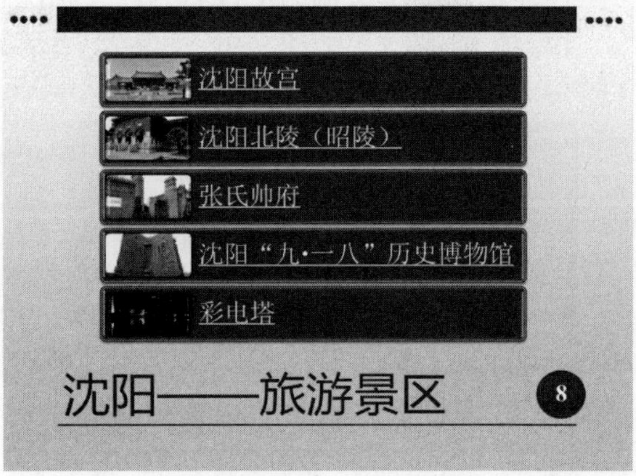


图 9-16 幻灯片 8

图 9-17 幻灯片 9

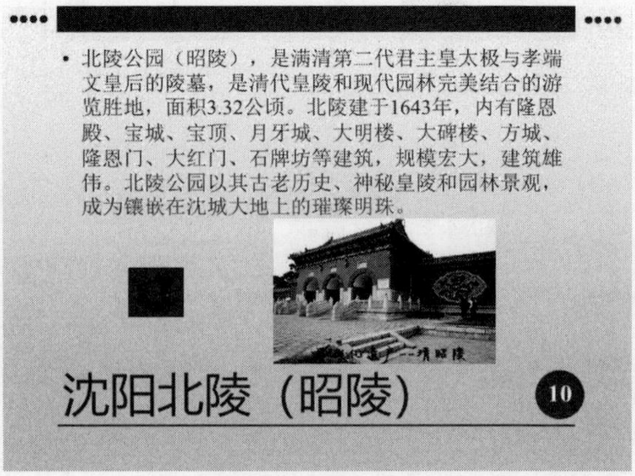


图 9-18 幻灯片 10

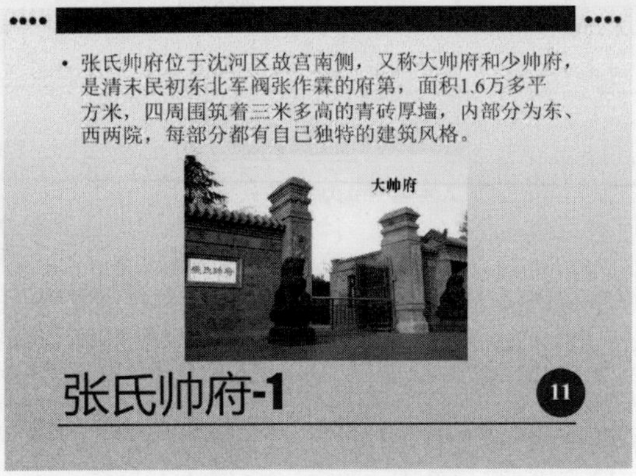


图 9-19　幻灯片 11

图 9-20　幻灯片 12

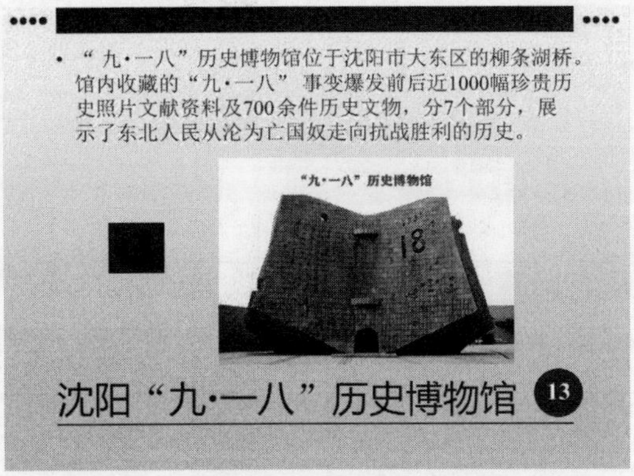


图 9-21　幻灯片 13

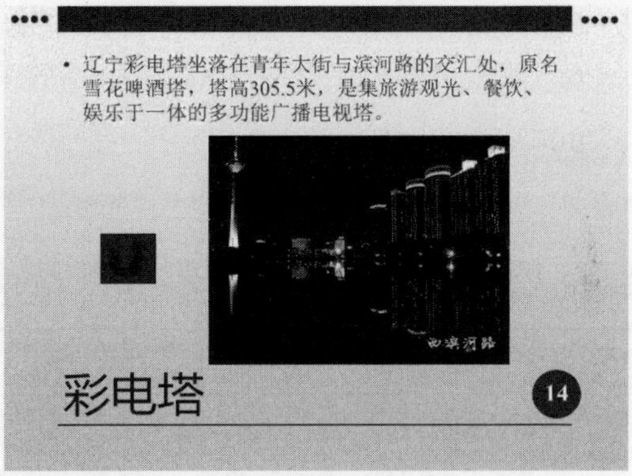


图 9-22　幻灯片 14

## 四、实训总结

______________________________________________________________

______________________________________________________________

______________________________________________________________

______________________________________________________________

______________________________________________________________

# 项目实训三　编辑多媒体演示文稿

## 一、实训目的

1．掌握动画的制作和效果设置。
2．掌握声音对象的插入和设置。
3．掌握视频对象的插入和设置。

## 二、实训内容

1．制作幻灯片动画并设置效果。
2．学会向幻灯片中插入声音并设置。
3．学会向幻灯片中插入视频并设置。

## 三、实训要求

1．打开“介绍沈阳市-美化-素材.pptx”幻灯片。
2．为标题幻灯片中的主标题和副标题制作动画并设置效果。
3．在幻灯片母版中设置标题和内容的动画并设置效果。
4．对第 9～14 张幻灯片中的图片和动作按钮制作动画并设置效果。
5．在第 1 张幻灯片中插入声音文件并设置。
6．效果请参考“介绍沈阳市-美化-效果.pptx”文件。

## 四、实训总结

# 项目实训四　放映和发布演示文稿

## 一、实训目的

1．掌握幻灯片排练计时的应用方法。
2．掌握自定义放映的应用方法。
3．掌握演示文稿的发布。

## 二、实训内容

1．学会排练计时的设置方法。
2．学会自定义放映的设置。
3．学会演示文稿的发布。

## 三、实训要求

1．打开“介绍沈阳市-声音-素材.pptx”演示文稿。
2．放映幻灯片时进行排练计时。

3．将第 2～8 张幻灯片设置为自定义放映的幻灯片，名为“沈阳情况介绍”。

4．将第 8～14 张幻灯片设置为自定义放映的幻灯片，名为“沈阳旅游景区”。

5．发布演示文稿为“介绍沈阳市-效果.pdf”。

6．排练计时效果如图 9-23 所示。

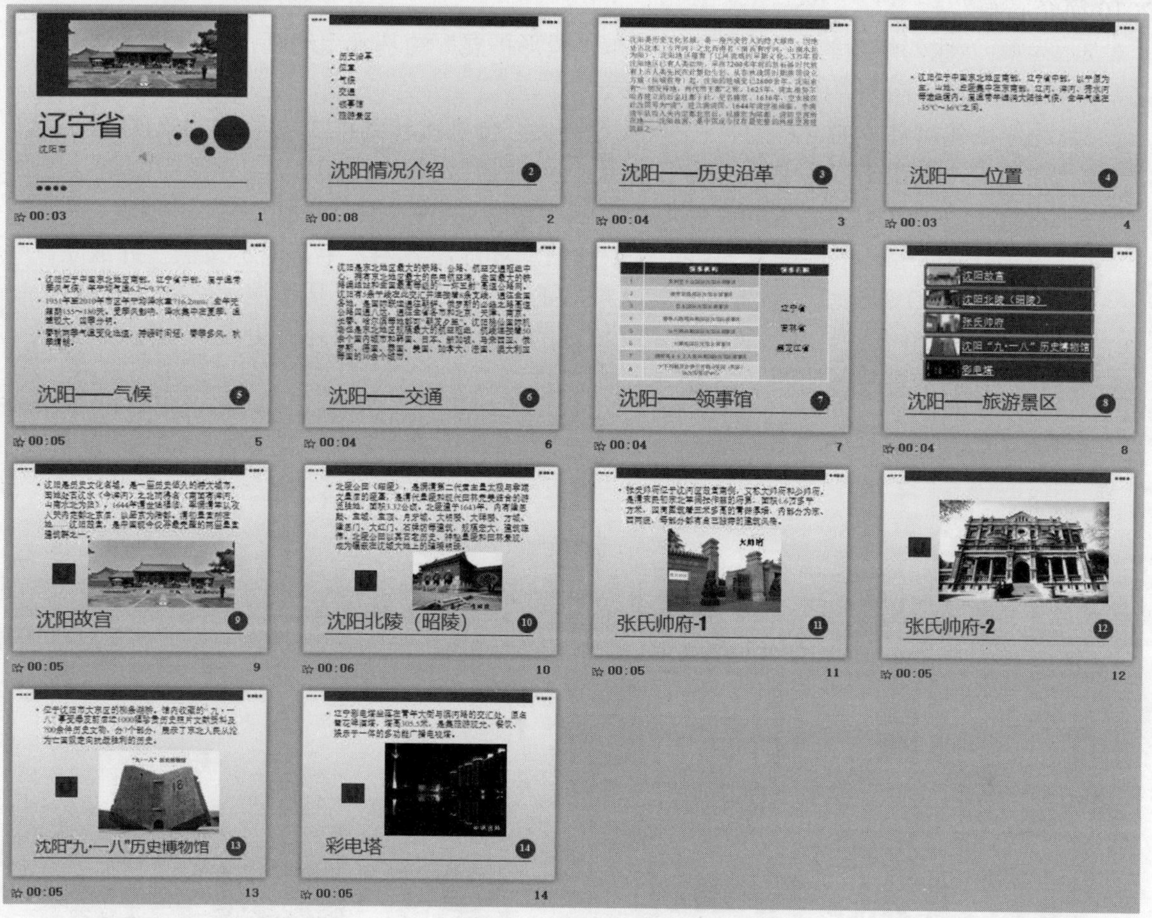


图 9-23　排练计时效果图

## 四、实训总结

# 综 合 实 训

1．根据“样本模板”中的“PowerPoint 2010 简介”创建演示文稿，保存文件名为“PowerPoint 2010 简介.pptx”。

2．为第 2 张幻灯片的“1、2、3”制作“圆形扩展”的基本型动画，并设置“从上一项之后开始播放”，方向为“缩小”的动画效果。

3．为第 2 张幻灯片的“1、2、3”设置超链接，分别跳转到第 3、7、14 张幻灯片。

4．在第 6、13 张幻灯片中插入动作按钮，分别跳转到第 2 张幻灯片。

5．将第 3～6 张幻灯片设置为自定义放映的幻灯片，名为“编写演示文稿”并放映。

6．将第 7～13 张幻灯片设置为自定义放映的幻灯片，名为“丰富演示文稿”并放映。

7．将第 14～17 张幻灯片设置为自定义放映的幻灯片，名为“传递演示文稿”并放映。

8．将第 18～20 张幻灯片设置为自定义放映的幻灯片，名为“还有更多！”并放映。

9．排练计时幻灯片，如图 9-24 所示。

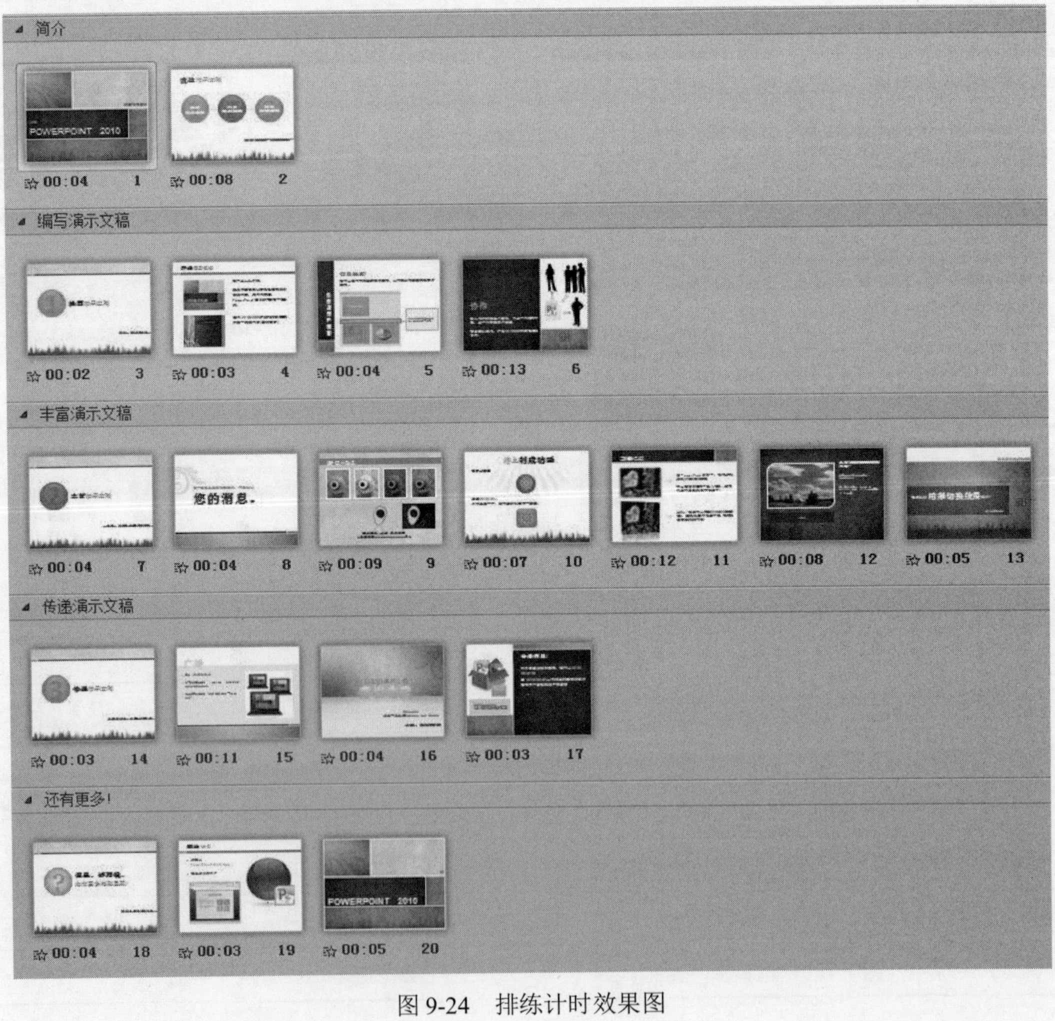


图 9-24　排练计时效果图

10．使用排练的时间放映幻灯片。
11．将演示文稿保存为“放映.pptx”。
12．发布演示文稿为“发布.pdf”。
13．效果如图 9-25～图 9-44 所示。

图 9-25　幻灯片 1

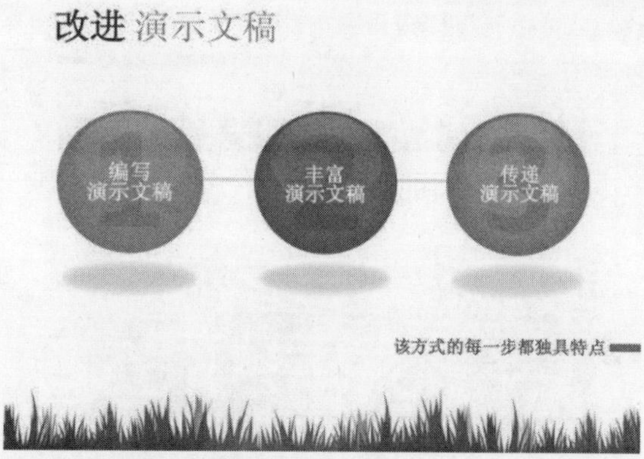

图 9-26　幻灯片 2

图 9-27　幻灯片 3

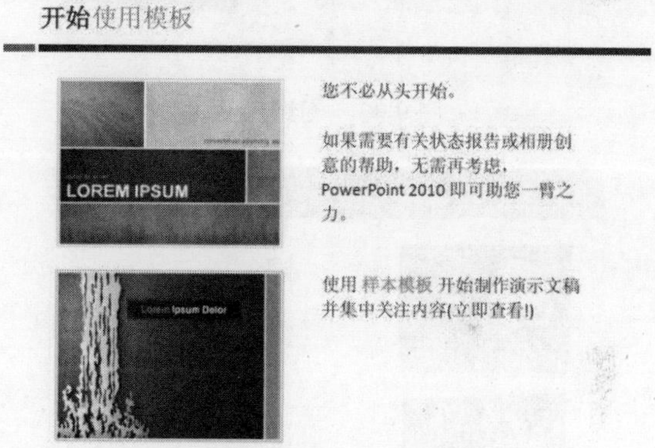

图 9-28　幻灯片 4

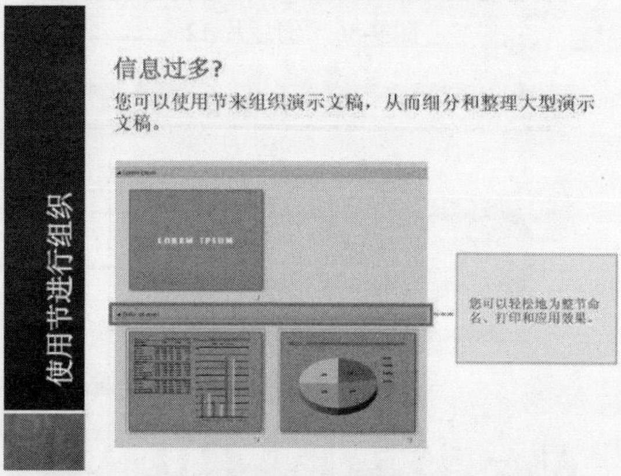

图 9-29　幻灯片 5

图 9-30　幻灯片 6

图 9-31　幻灯片 7

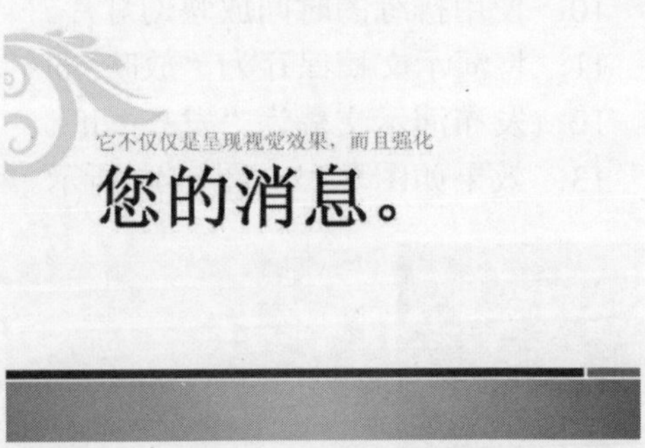


图 9-32　幻灯片 8

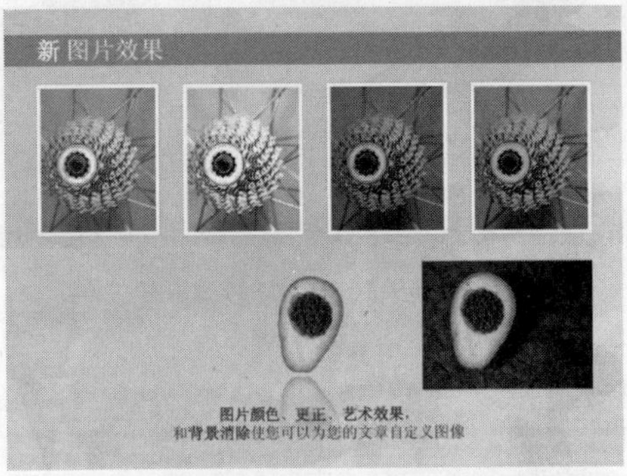


图 9-33　幻灯片 9

图 9-34　幻灯片 10

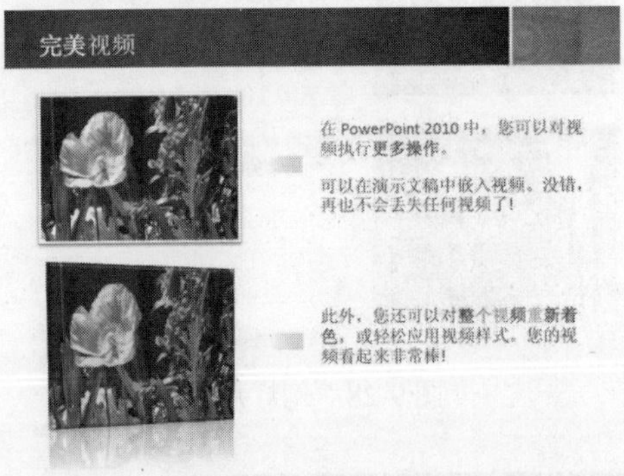


图 9-35　幻灯片 11

图 9-36　幻灯片 12

图 9-37　幻灯片 13

图 9-38　幻灯片 14

图 9-39　幻灯片 15

图 9-40　幻灯片 16

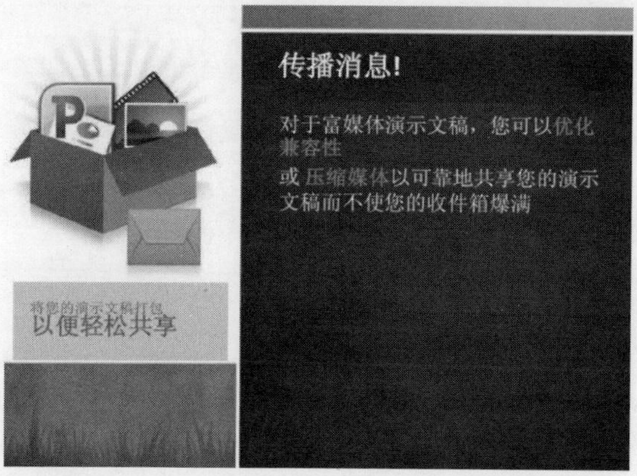


图 9-41　幻灯片 17

图 9-42　幻灯片 18

图 9-43　幻灯片 19

图 9-44　幻灯片 20

# 学习项目十　绘图软件 Visio 应用

## 项目实训一　制作班委会组织结构图

### 一、实训目的

1．掌握 Visio 2007 绘图软件创建、保存、编辑文档的方法。

2．使用组织结构模板绘制组织结构图。

3．培养协同工作能力。

4．培养运用所学知识解决实际问题的职业技能。

### 二、实训内容

1．手工绘制班委会组织结构草图。

2．收集并整理辅导员和班委会成员照片。

3．使用组织结构模板创建绘图文档。

4．绘制班委会组织结构图。

### 三、实训要求

1．手工绘制班委会组织结构草图，要求关系准确、结构清晰。

2．由学习委员收集辅导员和班委会成员照片，要求照片为 JPG 格式、120×120 像素。

3．使用组织结构图模板创建绘图文档并将文档改为横向。

4．要求插入成员照片且照片尺寸相同。

5．组织结构图布局合理、层次清晰。

6．在文档上部加注标题，内容为“××××系××××专业××××班委会组织结构图”，字体为黑体、24 磅。

7．文档保存为“××××班委会组织结构图.vsd”。

### 四、实训总结

______________________________

______________________________

______________________________

______________________________

______________________________

# 项目实训二　绘制办公室布局图

## 一、实训目的

1．掌握使用 Visio 2007“办公室布局模板”设计室内布局的方法和技巧。

2．培养组织沟通能力。

3．培养运用所学知识解决实际问题的职业技能。

## 二、实训内容

1．根据要求绘制办公室布局草图。

2．绘制办公室布局图。

## 三、实训要求

1．某小型软件公司因业务扩展，新建移动设备开发部，部门共 5 人，其中项目经理 1 名、开发人员 4 名，公司提供大小为 6m×8m 的办公室一间（图 10-1），其他基本办公设备如下。

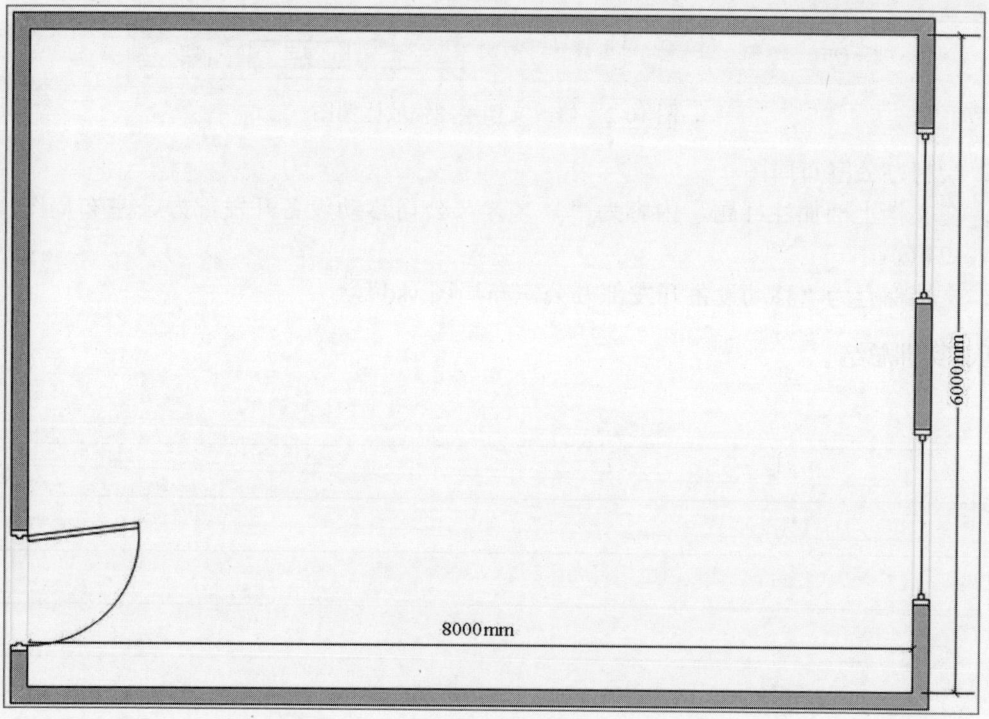


图 10-1　移动设备开发部办公室布局框图

（1）每人一张工作台。

（2）每人一台计算机。

（3）一台打印机。

（4）两部电话。

（5）一个文件柜。

（6）一台集线器。

（7）公司要求办公室必须有一盆绿色植物。

2．手工绘制办公室布局草图，要求布局合理、方便办公。

3．使用“办公室布局模板”创建 Visio 文档。

4．修改文档绘图缩放比例，自定义缩放比例为“25mm=1m”，如图 10-2 所示。

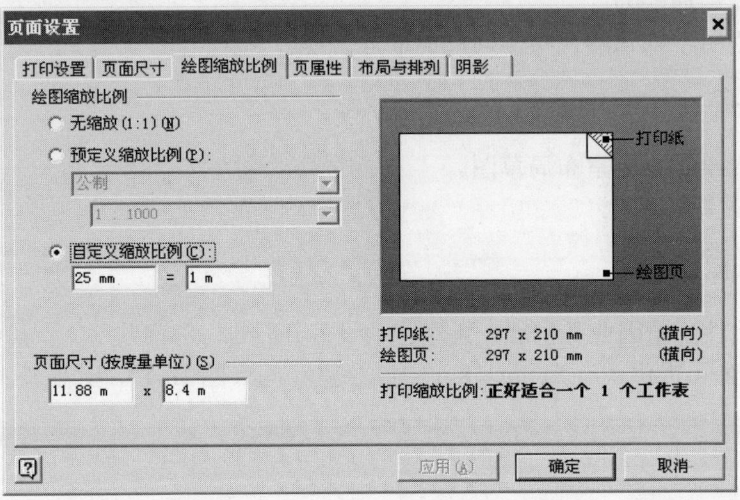


图 10-2　修改文档绘图缩放比例图

5．绘制办公室布局图。

6．在文档上部加注标题，内容为“××××公司移动设备开发部办公室布局图”，字体为黑体、24 磅。

7．文档保存为“移动设备开发部办公室布局图.vsd”。

## 四、实训总结

________________________________________

________________________________________

________________________________________

________________________________________

________________________________________

# 项目实训三　使用透视图分析产品销售情况

## 一、实训目的

1．学习使用 Visio 数据透视图表工具进行销售统计汇总。

2．学习通过修改 Visio 数据透视图的数据项刷新透视图。
3．培养学习能力和商业分析能力。

## 二、实训内容

1．使用 Excel 创建销售统计表。
2．将 Excel 文档导入 Visio 数据透视图。
3．更改数据透视图的汇总方式。
4．统计每个体育部门的销售收入。
5．统计每个季度的销售收入。
6．统计每个销售人员的销售收入。

## 三、实训要求

1．使用 Excel 软件创建体育用品销售情况统计表，要求销售统计表有不同的运动项目、不同的销售人员及 4 个季度的销售额，并将统计表保存为“体育用品销售统计分析表.xls”，统计表数据如图 10-3 所示。

| 序号 | 运动 | 季度 | 销售人员 | 销售额 |
|---|---|---|---|---|
| 1 | 羽毛球 | 第1季度 | 张峰 | ￥1,800.00 |
| 2 | 羽毛球 | 第1季度 | 李明 | ￥2,400.00 |
| 3 | 羽毛球 | 第2季度 | 李钢 | ￥1,500.00 |
| 4 | 羽毛球 | 第2季度 | 李明 | ￥2,600.00 |
| 5 | 羽毛球 | 第3季度 | 王浩 | ￥2,000.00 |
| 6 | 羽毛球 | 第4季度 | 林平 | ￥1,200.00 |
| 7 | 乒乓球 | 第1季度 | 张峰 | ￥2,000.00 |
| 8 | 乒乓球 | 第2季度 | 李明 | ￥2,000.00 |
| 9 | 乒乓球 | 第3季度 | 王浩 | ￥3,000.00 |
| 10 | 乒乓球 | 第4季度 | 王浩 | ￥3,500.00 |

图 10-3　统计表数据

2．使用 Visio“商务”→“数据透视图表”模板创建数据透视图，如图 10-4 所示。

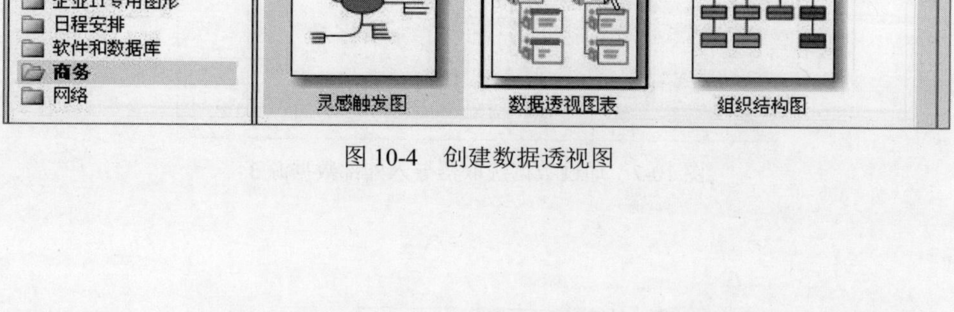


图 10-4　创建数据透视图

3．将“体育用品销售统计分析表.xls”导入数据透视图，如图 10-5～图 10-8 所示；导入数据后，在数据透视图文档左侧显示“数据透视关系图－体育用品销售统计表”，如图 10-9 所示；在绘图区显示汇总透视图，如图 10-10 所示。

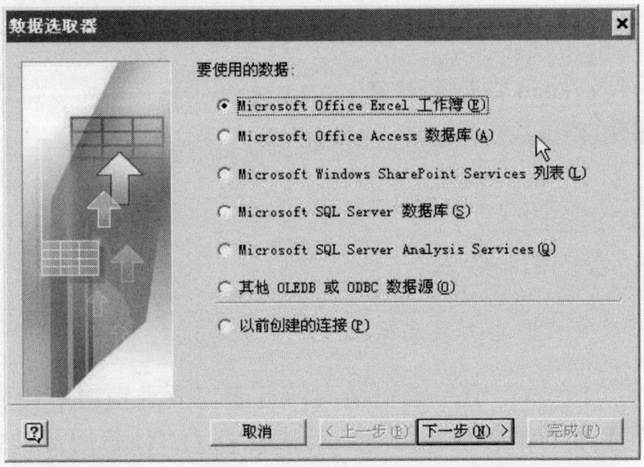


图 10-5　通过数据选取器导入外部数据源 1

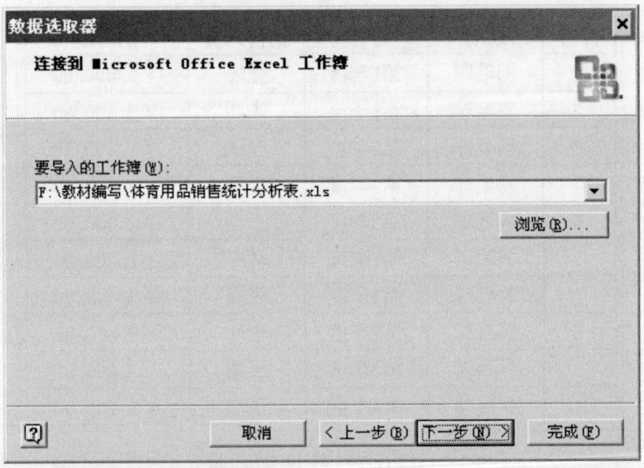


图 10-6　通过数据选取器导入外部数据源 2

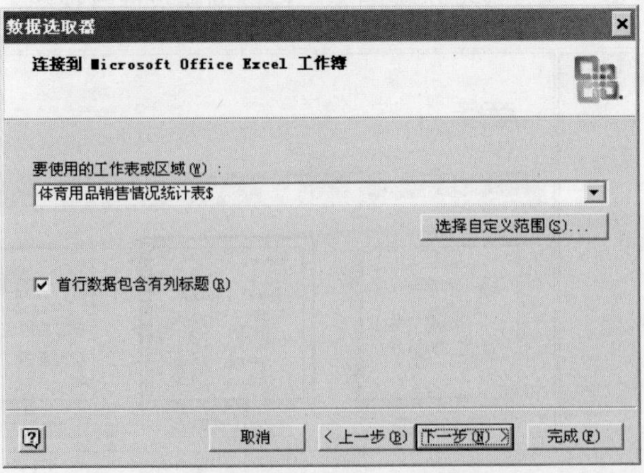


图 10-7　通过数据选取器导入外部数据源 3

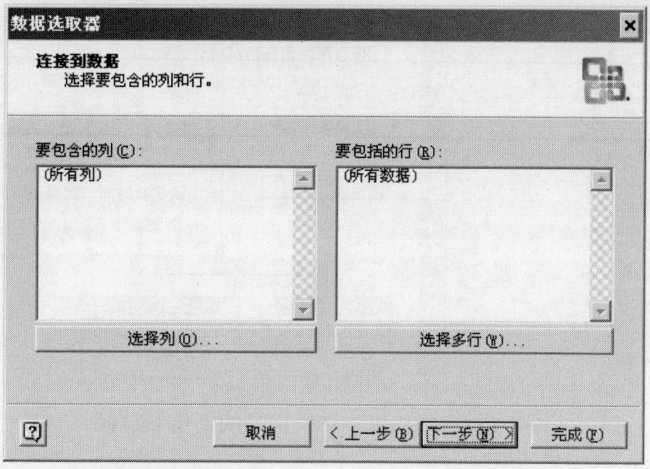


图 10-8　通过数据选取器导入外部数据源 4

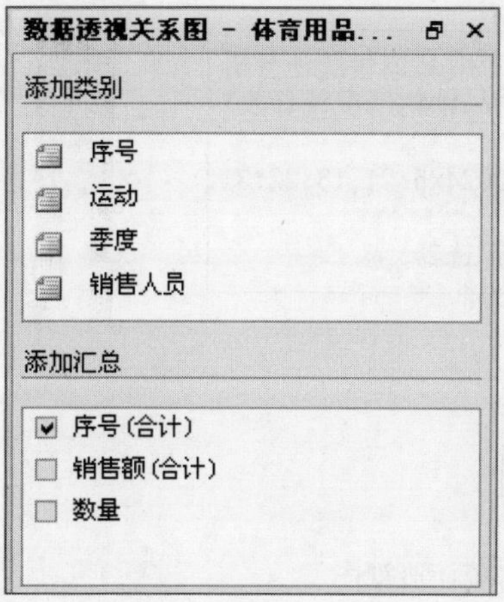


图 10-9　数据透视关系图-体育用品销售统计表

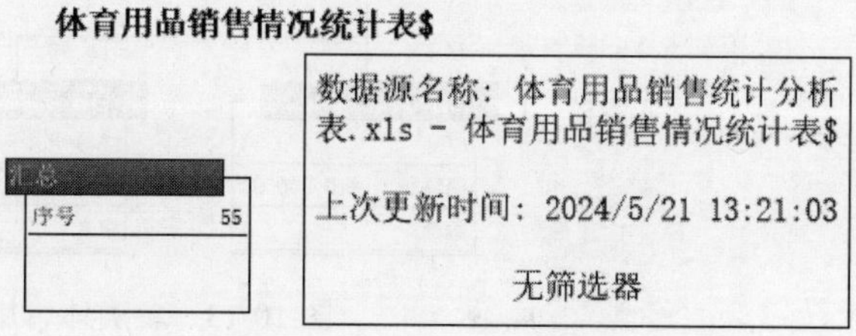


图 10-10　汇总透视图

4．更改统计汇总数据并统计商品销售额，要求显示“销售额（合计，平均值）”和“数量”，如图 10-11 所示。

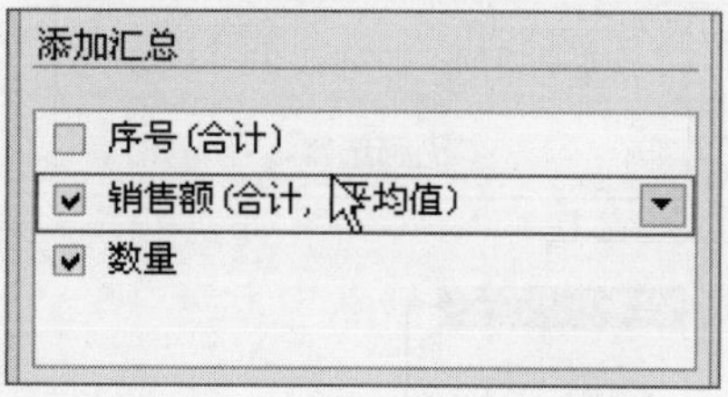


图 10-11　更改统计汇总数据

5．统计每类体育用品的销售情况，如图 10-12 所示（说明：操作时选择绘制区中的汇总形状，再单击“添加类别”→“运动”命令即可）。各类体育用品销售统计透视图如图 10-13 所示。

6．统计每种体育用品各季度的销售情况，如乒乓球，其结果如图 10-14 所示。

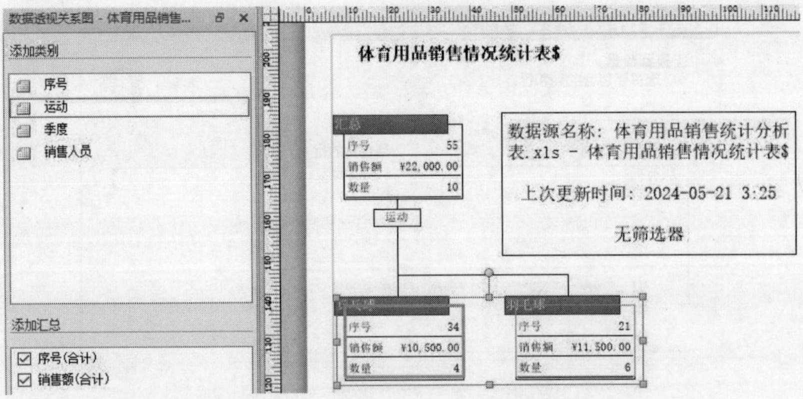


图 10-12　统计每类体育用品的销售额数据

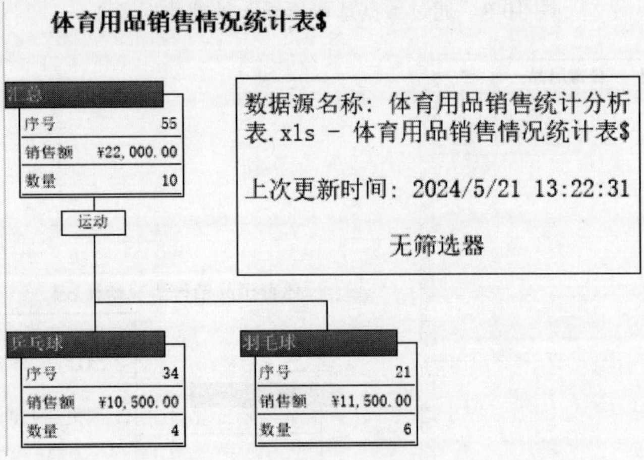


图 10-13　各类体育用品销售统计透视图

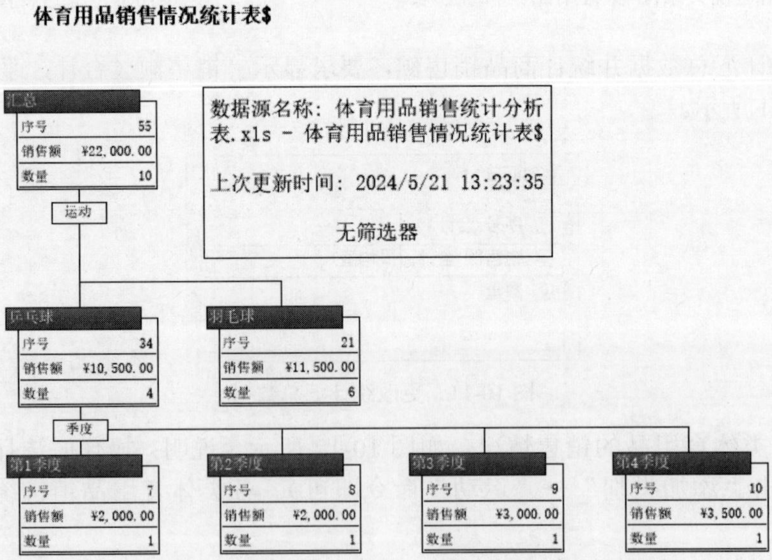


图 10-14　乒乓球商品每个季度销售统计透视图

7．统计每位销售人员各种商品的销售情况，如图 10-15 所示。

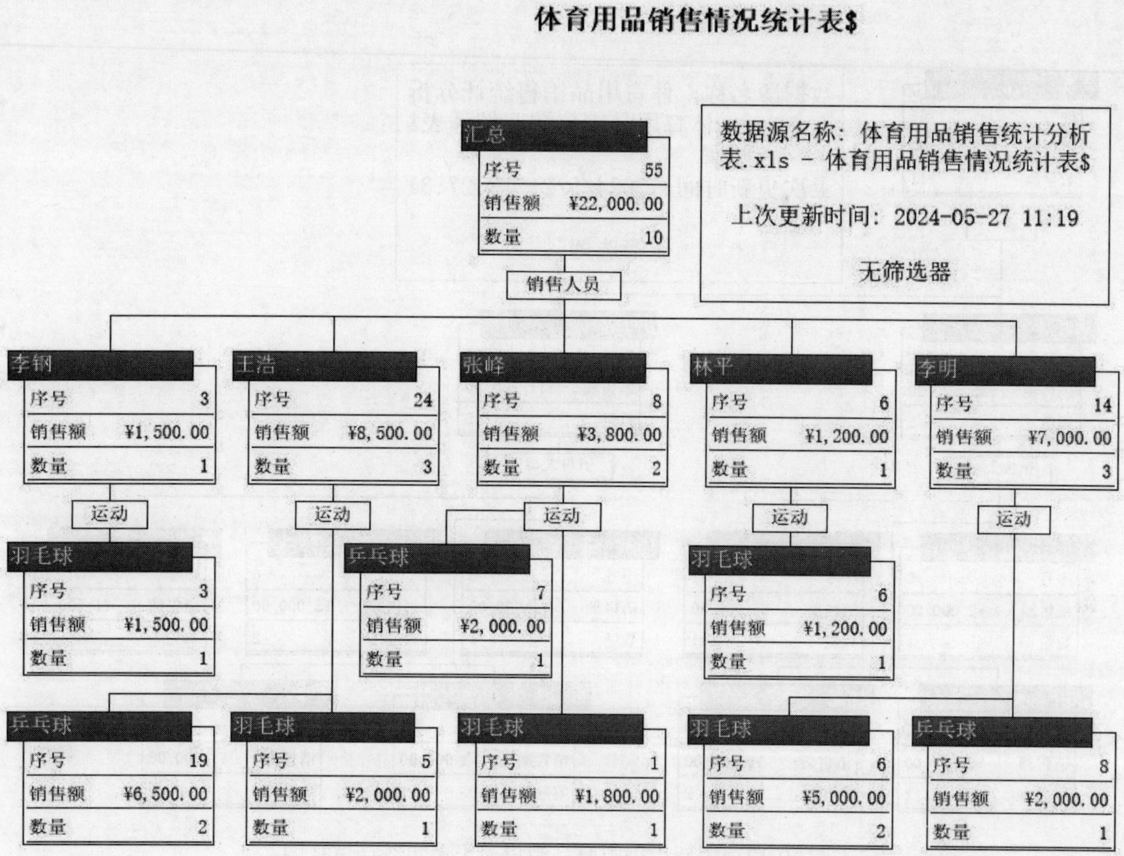


图 10-15　销售人员各种商品销售统计透视图

8．更新 Excel 文档中的数据，即添加一行新数据，保存 Excel 文档，如图 10-16 所示；在 Visio 中单击“刷新数据”按钮统计每类商品销售人员销售额，如图 10-17 所示。

| 序号 | 运动 | 季度 | 销售人员 | 销售额 |
|---|---|---|---|---|
| 1 | 羽毛球 | 第1季度 | 张峰 | ￥1,800.00 |
| 2 | 羽毛球 | 第1季度 | 李明 | ￥2,400.00 |
| 3 | 羽毛球 | 第2季度 | 李钢 | ￥1,500.00 |
| 4 | 羽毛球 | 第2季度 | 李明 | ￥2,600.00 |
| 5 | 羽毛球 | 第3季度 | 王浩 | ￥2,000.00 |
| 6 | 羽毛球 | 第4季度 | 林平 | ￥1,200.00 |
| 7 | 乒乓球 | 第1季度 | 张峰 | ￥2,000.00 |
| 8 | 乒乓球 | 第2季度 | 李明 | ￥2,000.00 |
| 9 | 乒乓球 | 第3季度 | 王浩 | ￥3,000.00 |
| 10 | 乒乓球 | 第4季度 | 王浩 | ￥3,500.00 |
| 11 | 乒乓球 | 第4季度 | 马琳 | ￥5,000.00 |

图 10-16　更新 Excel 文档中的数据

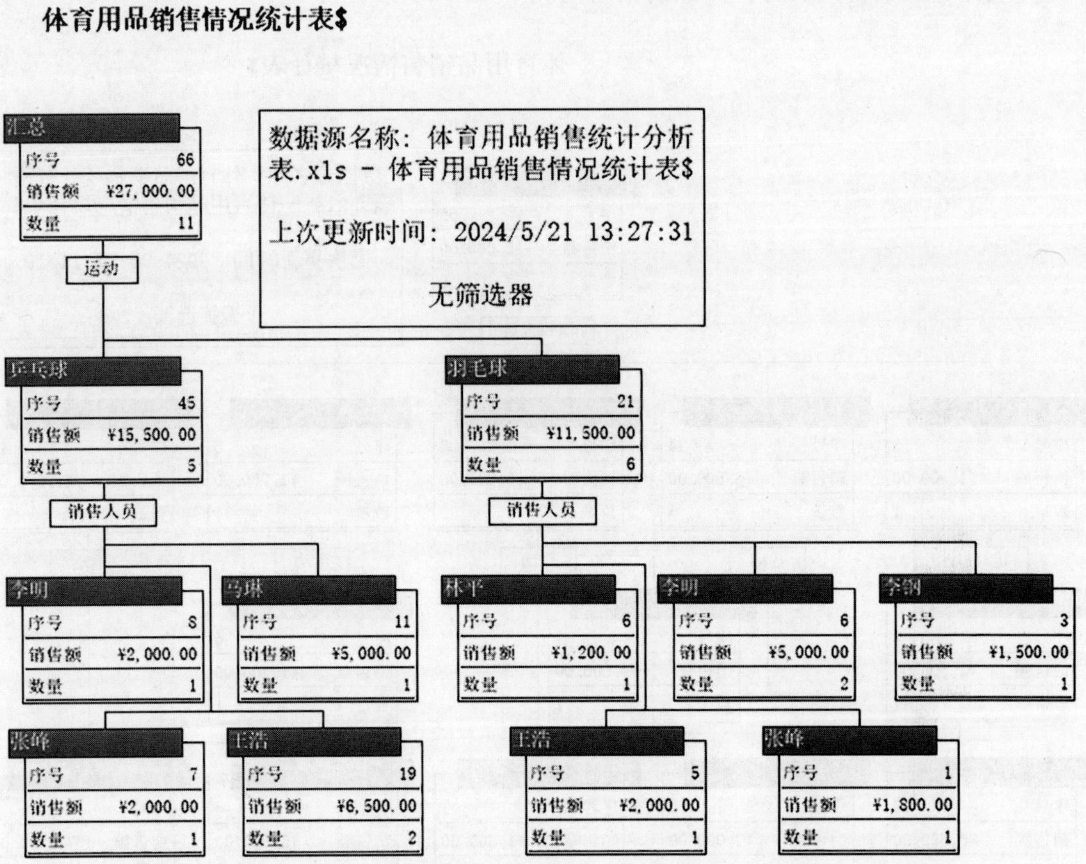


图 10-17　刷新后每类商品销售人员销售统计透视图

9．为透视图添加标题“体育用品销售统计汇总图”，字体设置为黑体、24 磅。

10．将文档保存为“体育用品销售统计分析表.vsd”。

## 四、实训总结

# 习　题

## 学习项目一　认识计算机

### 一、填空题

1．通用微机 CPU 的生产厂商主要有__________和__________等。

2．DVD 光驱的 1 倍速（1X）相当于 CD-ROM 的__________倍速。

3．液晶显示器在显示动态画面时有拖尾现象，这说明__________指标较低。

4．主板上用来插显卡的插槽是__________。

5．显卡上用来处理绘图指令的部件是__________。

6．__________又称为母板，安装于主机箱内，是计算机中的__________。

7．1394 接口又称为__________，SONY 等厂商称其为__________。

8．内存一般指的是随机存储器，简称为__________。

9．与硬盘容量参数有关的主要参数有__________和__________等。

10．可使用 USB 口与计算机相连的设备有__________和__________等。

11．主板集成网卡分为__________和__________。

12．DVD 光驱的 1 倍速传输速率是__________KB/s。

13．扫描仪的光学分辨率是指__________。

14．机箱按照内部部件安放的位置不同，可分为__________和__________。

15．静态内存通常用作系统的高速缓存，称为__________。

16．喷墨打印机可以分为__________和__________两种。

17．微处理器将传统计算机的两大部件__________和__________集成在一块芯片上。

18．大宽行打印机、针式打印机、喷墨打印机和激光打印机中，打印速度最快的是__________，打印质量最好的是__________。

19．当汉字通过键盘输入后，一般要转换成__________，它在计算机中至少占__________Byte。

20．计算机的软件系统通常分成__________软件和__________软件。

21．1KB=__________B，1MB=__________KB。

22．在计算机中，中央处理器（CPU）由__________和__________两部分组成。

23．按照显示器不同的工作原理划分，计算机的显示器可分为阴极射线管显示器、等离子显示器和__________。

24．自计算机问世至今已经经历了 4 个阶段，划分阶段的主要依据是计算机的__________。

25．计算机可分为数字计算机、模拟计算机和混合计算机，这种分类是依据__________。

26．电子计算机按使用范围分类，可以分为__________和__________。

27．在计算机中，用数值、文字、语言和图像等表示的内容都可以称为__________。

28．计算机不能只有硬件系统，还要有__________。

29．固定在计算机主机箱箱体上、连接计算机各种部件起桥梁作用的是__________。

30．在计算机中，信息的最小单位是__________。

31．微型计算机内存容量的大小一般是指__________。

32．1946 年，世界上第一台电子计算机的名字是__________。

33．计算机硬件的 5 个基本部分是__________、__________、__________、__________、__________。

34．目前 DVD 光盘的容量为 4.7GB，相当于__________MB。

35．在计算机领域中，英文单词“Byte”的含义是__________。

36．能直接被计算机执行的程序所使用的编程语言是__________。

37．当前的计算机一般被认为是第四代计算机，它所采用的逻辑元件是__________。

38．在计算机的多种技术指标中，决定计算机计算精度的是__________。

39．8 个字节含二进制__________位。

40．Cache 的中文译名是__________。

## 二、选择题

1．世界上第一个微型计算机 CPU 诞生于（　　）。

A．1970 年　　B．1971 年　　C．1972 年　　D．1946 年

2．PCI-E X16 插槽的数据宽度为（　　）。

A．1GB/s　　B．2.1GB/s　　C．4GB/s　　D．5GB/s

3．现在新型的酷睿 i3 CPU 的触点个数是（　　）。

A．478 个　　B．754 个　　C．775 个　　D．1155 个

4．以下颜色的深度中，可以显示最丰富色彩的是（　　）。

A．16 位　　B．24 位　　C．32 位　　D．256 位

5．在显示器的缩写中，LCD 代表（　　）。

A．阴极射线管显示器　　B．发光二极管显示器

C．液晶显示器　　D．等离子显示器

6．以下不属于操作系统的是（　　）。

A．Windows 7　　B．Office 2010

C．Windows XP　　D．Linux

7．鼠标如果按照接口方式的不同分类，下列（　　）不属于该分类。

A．串口鼠标　　B．PS/2　　C．光电鼠标　　D．USB 鼠标

8．下列外部接口中，传输速度最快的是（　　）。

A．USB 2.0　　B．1394b　　C．蓝牙　　D．eSATA

9．主板的核心灵魂是（　　）。

A．CPU 插槽　　B．扩展插槽　　C．芯片组　　D．BIOS 芯片

10．现在的主流硬盘接口称为（　　）。

A．SATA　　B．PATA　　C．SCSI　　D．USB

11．完整的计算机系统包括（　　）。

A．主机和外设　　B．运算器、控制器和存储器

C．硬件系统和软件系统　　D．主机和实用程序

12．目前主板上的内存插槽叫作（　　）。

A．DIMM 插槽　　B．SIMM 插槽

C．RIMM 插槽　　D．AIMM 插槽

13．Intel 的“P55 系列主板”中的 P55 是指（　　）。

A．CPU 接口　　B．北桥芯片　　C．南桥芯片　　D．集成显卡

14．DDR3 内存在每个时钟周期能够传输（　　）数据。

A．1 位　　B．2 位　　C．4 位　　D．8 位

15．在计算机部件中，人们通常以（　　）来判断计算机的档次。

A．主板　　B．CPU　　C．内存　　D．显示器

16．计算机的软件系统包括（　　）。

A．用户软件和应用软件　　B．系统软件和应用软件

C．系统软件和用户软件　　D．操作系统和应用软件

17．人眼对于（　　）频率以上的刷新率基本不感到闪烁。

A．60Hz　　B．75Hz　　C．80Hz　　D．85Hz

18．显卡上用来处理绘图指令的部件是（　　）。

A．显示内存　　B．显示芯片　　C．RAMDAC　　D．显示 BIOS

19．下列打印机中，属于击打式打印机的是（　　）。

A．激光打印机　　B．喷墨打印机

C．针式打印机　　D．都不是

20．计算机的硬件系统包括（　　）。

A．主机和外设　　B．运算器、控制器和存储器

C．硬件系统和软件系统　　D．主机和实用程序

21．以下不属于电视卡必备功能模块的是（　　）。

A．高频头　　B．音频解码器　　C．视频解码器　　D．音频处理器

22．语言处理程序包括汇编程序、编译程序和（　　）。

A．C 程序　　B．BASIC 程序　　C．Pascal 程序　　D．解释程序

23．用于科学计算的计算机的特点是高速度、大存储量、高自动化和（　　）。

A．高精度　　B．实时性　　C．低功耗　　D．大量图形交互

24．I/O 设备直接（　　）。

A．与主机相连接　　B．与 CPU 相连接

C．与主存储器相连接　　D．与 I/O 接口相连接

25．处理器调度程序在该程序执行过程中要控制其（　　）。

A．程序间的同步　　B．程序间的通信

C．运行状态　　D．运行时间

26．硬盘是计算机的（　　）。

A．控制器　B．运算器　C．存储器　D．输入设备

27．微型计算机的性能指标主要取决于（　　）。

A．内存　B．CPU　C．硬盘　D．显示器

28．存储器容量的基本单位是（　　）。

A．字位　B．字节　C．字码　D．字长

29．财务管理软件属于（　　）。

A．编程软件　B．系统软件　C．文字处理软件　D．应用软件

30．光盘驱动器的倍速越大，则（　　）。

A．数据传输越快　B．纠错能力越强

C．光盘容量越大　D．播放DVD的效果越好

31．多媒体技术的基本特征是（　　）。

A．使用光盘驱动器作为主要工具　B．有处理文字、声音、图像的能力

C．有处理文稿的能力　D．使用显示器作为主要工具

32．以下（　　）属于计算机的输入设备。

A．显示器　B．键盘　C．打印机　D．音箱

33．计算机断电后，（　　）中的数据会全部消失。

A．硬盘　B．光驱　C．ROM　D．RAM

34．计算机病毒不能通过（　　）传播。

A．键盘　B．磁盘　C．电子邮件　D．光盘

35．下列存储器中，存储速度最慢的是（　　）。

A．软盘　B．硬盘　C．U盘　D．光盘

36．调制解调器的作用是（　　）。

A．使计算机的数据能在电话网中传送

B．取代电话机来打电话

C．用来扫描图像和文字

D．用来连接打印机

37．目前打印质量最好的打印机是（　　）。

A．激光打印机　B．针式打印机

C．喷墨打印机　D．热敏打印机

38．世界上第一台电子计算机ENIAC所采用的逻辑器件是（　　）。

A．电子管　B．晶体管

C．中小型集成电路　D．大规模及超大规模集成电路

39．下列4种存储器中，易失性存储器是（　　）。

A．RAM　B．ROM　C．PROM　D．CD-ROM

40．冯•诺依曼计算机工作原理的设计思想是（　　）。

A．程序设计　B．程序存储　C．程序编制　D．算法设计

41．在以下外设中，既可作为输入设备又可作为输出设备的是（　　）。

A．绘图仪　B．键盘　C．磁盘驱动器　D．激光打印机

42. 通常说一台计算机的内存容量为2048M，其中M指的是（　　）。

A. 比特　　B. 字节

C. 字长　　D. 字

43. “64位计算机”中的64指的是（　　）。

A. 计算机型号　　B. 机器字长

C. 内存容量　　D. 存储单位

44. 计算机的存储系统一般指主存储器和（　　）。

A. 累加器　　B. 寄存器　　C. 辅助存储器　　D. 鼠标

45. 动态RAM的特点是（　　）。

A. 工作中需要动态地改变存储单元内容

B. 工作中需要动态地改变访存地址

C. 每隔一定时间需要刷新

D. 每次读出后需要刷新

46. 在计算机的性能指标中，内存容量指的是（　　）。

A. ROM的容量　　B. RAM的容量

C. ROM和RAM容量的总和　　D. CD-ROM的容量

47. U盘中的1GB等于（　　）。

A. 1000×1000字节　　B. 1000×1000×1000字节

C. 3×1024字节　　D. 1024×1024字节

48. CPU中控制器的功能是（　　）。

A. 进行逻辑运算　　B. 进行算术运算

C. 分析指令并发出相应的控制信号　　D. 只控制CPU的工作

49. 下列描述中，错误的是（　　）。

A. 多媒体技术具有集成性和交互性的特点

B. 所有计算机的字长都是固定不变的8位

C. 通常计算机的存储容量越大，性能越好

D. 各种高级语言的翻译程序都属于系统软件

50. 下列存储器中，存取速度最快的是（　　）。

A. CD-ROM　　B. 内存　　C. 软盘　　D. 硬盘

51. 在计算机中，1MB准确等于（　　）。

A. 1024×1024个字　　B. 1024×1024个字节

C. 1000×1000个字节　　D. 1000×1000个字

52. 计算机存储器中，一个字节由（　　）位二进制位组成。

A. 4　　B. 8　　C. 16　　D. 32

53. CPU由运算器和（　　）组成。

A. 控制器　　B. 存储器　　C. 寄存器　　D. 编辑器

54. 在微型计算机中，Cache是（　　）。

A. 顺序读写存储器　　B. 随机读写存储器

C. 只读存储器　　D. 高速缓冲存储器

55. 关于硬盘驱动器，下列说法正确的是（ ）。
A. 由于全封闭，所以耐震性好、不易损坏
B. 耐震性差，搬运时要注意保护
C. 没有易碎件，在搬运时不像显示器那样要注意保护
D. 不用时应套入纸套以防止灰尘进入

56. 下列设备中，只能作为输入设备的是（ ）。
A. 磁盘驱动器 B. 显示器 C. 存储器 D. 鼠标

57. 计算机中所有信息的存储都采用（ ）。
A. 二进制 B. 八进制 C. 十进制 D. 十六进制

58. 下列关于存储器的叙述中，正确的是（ ）。
A. CPU 能直接访问存储在内存中的数据，也能直接访问存储在外存中的数据
B. CPU 不能直接访问存储在内存中的数据，只能直接访问存储在外存中的数据
C. CPU 只能直接访问存储在内存中的数据，不能直接访问存储在外存中的数据
D. CPU 既不能直接访问存储在内存中的数据，也不能直接访问存储在外存中的数据

59. 电子计算机主要是以（ ）为标志来划分发展阶段的。
A. 电子元件 B. 电子管 C. 晶体管 D. 集成电路

60. 下列有关存储器读写速度的排列，正确的是（ ）。
A. RAM>Cache>硬盘>软盘 B. Cache>RAM>硬盘>软盘
C. Cache>硬盘>RAM>软盘 D. RAM>硬盘>软盘>Cache

61. 下列（ ）部件可以直接访问 CPU。
A. 硬盘 B. 软盘 C. 光盘 D. 内存

62. 下列叙述中，正确的是（ ）。
A. 显示器和打印机都是输出设备 B. 显示器只能显示字符
C. 通常显示器有 7 种颜色 D. 打印机只能打印字符和表格

63. 计算机的开机顺序应是（ ）。
A. 先开主机，再开外设 B. 先开显示器，再开打印机
C. 先开主机，再开显示器 D. 先开外设，再开主机

64. 调制解调器的功能是实现（ ）。
A. 模拟信号与数字信号的转换 B. 数字信号的编码
C. 模拟信号的放大 D. 数字信号的整形

65. 以下计算机系统中的（ ）不属于外部设备。
A. 键盘 B. CPU C. 打印机 D. 硬盘

66. 目前制造计算机所使用的电子元件是（ ）。
A. 大规模集成电路 B. 晶体管
C. 集成电路 D. 超大规模集成电路

67. 内存可分为随机存储器和（ ）。
A. 硬盘存储器 B. 动态存储器 C. 只读存储器 D. 光盘存储器

68. 在多媒体计算机系统中，不能存储多媒体信息的是（ ）。
A. 光盘 B. 磁盘 C. 磁带 D. 光缆

69. 个人计算机属于（　　）。
A. 小型计算机　　B. 中型计算机
C. 微型计算机　　D. 大型计算机
70. 下列设备中，不能作为计算机输出设备的是（　　）。
A. 打印机　　B. 显示器　　C. 键盘　　D. 绘图仪
71. 世界上第一台电子计算机诞生于（　　）。
A. 德国　　B. 美国　　C. 英国　　D. 中国
72. 硬盘工作时应特别注意避免（　　）。
A. 噪声　　B. 震动　　C. 潮湿　　D. 日光
73. 既能向主机输入数据，又能接收主机输出数据的设备是（　　）。
A. CD-ROM　　B. 显示器　　C. 调制解调器　　D. 鼠标
74. 计算机硬件的基本结构思想是由（　　）提出来的。
A. 布尔　　B. 冯·诺依曼　　C. 图灵　　D. 卡诺
75. 在计算机中，（　　）称为 1MB。
A. 1000　　B. 1024　　C. 1000KB　　D. 1024KB
76. 磁盘的磁面是由很多个半径不同的同心圆构成的，这些同心圆称为（　　）。
A. 扇区　　B. 磁道　　C. 磁柱　　D. 以上都不对
77. bit 的意思是（　　）。
A. 字　　B. 字长　　C. 字节　　D. 二进制位
78. 计算机在一般的工作中不能向（　　）写入信息。
A. ROM　　B. U 盘　　C. RAM　　D. 硬盘
79. 内存容量通常以能存储多少个字节来表示，一个字节是（　　）个二进制位。
A. 2　　B. 7　　C. 8　　D. 16
80. 计算机面板上 Reset 按钮的作用是（　　）。
A. 暂停运行　　B. 复位启动　　C. 热启动　　D. 清屏
81. CPU 的中文名称是（　　）。
A. 中央处理器　　B. 内存储器　　C. 计算机系统　　D. 输出设备
82. 计算机采用二进制的最主要理由是（　　）。
A. 符合人们的习惯　　B. 数据的输入输出方便
C. 信息存储量大　　D. 易于用电子元件表示
83. 高速缓存与计算机的内存相比（　　）。
A. 速度快　　B. 价格低　　C. 存储量大　　D. 存储信息不丢失
84. 在计算机系统中，运算器的运算结果可以直接送到（　　）中。
A. RAM　　B. 光盘　　C. ROM　　D. 硬盘
85. 计算机中 RAM 的特点是（　　）。
A. 只能读数据
B. 只能写数据
C. 可随机读写数据，断电后数据全部丢失
D. 只能顺序读写数据，断电后数据部分丢失

86. 世界上第一台电子计算机诞生于（　　）。

A. 1940 年　　B. 1945 年　　C. 1946 年　　D. 1950 年

87. 在计算机中，1K 字节大约可以存储（　　）个汉字。

A. 1　　B. 512　　C. 1000　　D. 1024

88. 计算机的内存比外存（　　）。

A. 便宜，但能存储更多信息　　B. 存储容量大

C. 存取速度快　　D. 贵，但能存储更多信息

89. 计算机断电后，如果（　　）全部丢失，则再次通电也不能恢复。

A. ROM 和 RAM 中的信息　　B. ROM 中的信息

C. RAM 中的信息　　D. 硬盘中的信息

90. 下列关于计算机存储器的叙述中，正确的是（　　）。

A. 外存不能与 CPU 直接交换数据

B. 计算机断电后，内存中的信息将全部消失

C. 计算机断电后，软盘中的信息将全部消失

D. 内存不能与 CPU 直接交换数据

91. 计算机内存储器的信息存储基本单位是（　　）。

A. Byte　　B. KB　　C. MB　　D. GB

92. 使用分辨率作为性能指标的计算机外部设备是（　　）。

A. 硬盘　　B. 键盘　　C. 显示器　　D. 调制解调器

93. 下列不属于计算机输入设备的是（　　）。

A. 鼠标　　B. 键盘　　C. 绘图仪　　D. 扫描仪

94. 在计算机领域中，常用“主频”来描述计算机的（　　）。

A. 运算速度　　B. 可靠性　　C. 可运行性　　D. 可扩充性

95. 下列选项中，正确的是（　　）。

A. 1MB=1000B　　B. 1MB=1000KB　　C. 1MB=1024B　　D. 1MB=1024KB

96. 要使用外存中的信息，应先将其调入（　　）中。

A. 控制器　　B. 运算器　　C. 微处理器　　D. 内存

97. 下列不属于电子数字计算机特点的是（　　）。

A. 运算快速　　B. 计算精度高　　C. 体积庞大　　D. 通用性强

98. 下列说法中，正确的是（　　）。

A. 计算机系统包括硬件系统和软件系统

B. 小型机又称为微机

C. 数字计算机可直接处理连续变化的模拟量

D. 主机包括 CPU、显示器

99. 下列叙述中，正确的是（　　）。

A. 激光打印机属于击打式打印机

B. 计算机的运算速度可以用 MIPS 来表示

C. CAI 软件属于系统软件

D. 就存取速度而言，软盘比硬盘快，硬盘比内存快

100．下列关于计算机的主要特点的叙述中，错误的是（　　）。

A．具有自动控制能力　　B．具有高速运算的能力

C．具有很高的计算精度　　D．具有创造能力

101．当前计算机的应用领域极为广泛，但其应用最早的领域是（　　）。

A．数据处理　　B．科学计算

C．人工智能　　D．过程控制

102．下列选项中，（　　）不是计算机采用二进制的主要原因。

A．二进制只有 0 和 1 两个状态，技术上容易实现

B．二进制运算规则简单

C．二进制数的 0 和 1 与逻辑代数的“真”和“假”相吻合，适合于计算机进行逻辑运算

D．二进制可与十进制直接进行算术运算

103．关于计算机中使用的软件，下列说法错误的是（　　）。

A．软件凝结着专业人员的劳动成果

B．软件像书籍一样，借来复制将不损害他人

C．未经软件著作权人的同意而复制其软件是侵权行为

D．软件同硬件一样也是一种商品

104．常用的计算机输入设备通常包括（　　）。

A．键盘和显示器　　B．软盘和硬盘

C．键盘和软盘　　D．键盘和鼠标

105．在 Windows 中，关于设置默认的汉字输入法的说法不正确的是（　　）。

A．选择控制面板中的“区域和语言选项”图标

B．右击“输入法”图标，选择“设置”命令

C．单击“输入法”图标，在菜单中选择默认输入法

D．设置的默认输入法可以改变

106．下列关于世界上第一台电子计算机 ENIAC 的叙述中，错误的是（　　）。

A．是 1946 年在美国诞生的

B．它主要采用电子管作为主要电子器件

C．确定使用高级语言进行程序设计

D．它主要用于弹道计算

107．某计算机的运算速度为数千万亿次/秒，主要用于大型科学与工程计算和大规模数据处理，它属于（　　）。

A．巨型计算机　　B．小型计算机

C．微型计算机　　D．专用计算机

108．计算机最主要的工作特点是（　　）。

A．存储程序与自动控制　　B．高速度与高精度

C．可靠性与可用性　　D．有记忆能力

109．最早设计计算机的目的是进行科学计算，其主要计算的问题面向于（　　）。

A．科研　　B．军事　　C．商业　　D．管理

110．微处理器是在一块芯片上集成了（　　）。

A．控制器和存储器　　B．控制器和运算器

C．运算器和存储器　　D．运算器、控制器和存储器

111．比较从下列 4 项中得到的声音，其质量最好的是（　　）。

A．数字激光唱片　　B．调频无线电广播

C．MP3　　D．电话

112．扫描仪可应用于（　　）。

A．拍数字照片　　B．图像输出

C．光学字符识别　　D．音频信息的处理

113．第一代计算机体积大、耗电多、性能低，其主要原因是受制于（　　）。

A．工艺水平　　B．元器件　　C．设计水平　　D．原材料

114．在计算机内部，所有信息的存储形式都是（　　）。

A．字符　　B．二进制码　　C．BCD 码　　D．ASCII 码

115．组成计算机指令的两部分是（　　）。

A．数据和字符　　B．操作码和地址码

C．运算符和运算数　　D．运算符和运算结果

116．微型计算机的主机包括（　　）。

A．运算器和显示器　　B．CPU 和内存

C．CPU 和键盘　　D．CPU 和鼠标

117．下列不属于外部设备的是（　　）。

A．输入设备　　B．CPU 和主存储器

C．输出设备　　D．外存

118．下列硬件中，属于个人计算机必备的外部设备是（　　）。

A．键盘和鼠标　　B．显示器和键盘

C．键盘和打印机　　D．显示器和扫描仪

119．要使用 Windows Media Player 播放 CD 光盘，计算机应该配有（　　）。

A．软盘驱动器　　B．CD-ROM 驱动器

C．硬盘驱动器　　D．USB 驱动器

120．下列 4 个说法中，错误的是（　　）。

A．VGA 接口一般用于连接硬盘等存储设备

B．USB 接口是一种非常常用的接口方式

C．SCSI 接口可用于连接外置存储设备、打印机等

D．并行接口一般用来连接打印机、扫描仪、外置存储设备等

121．巨型电子计算机的“巨型”指的是（　　）。

A．体积大　　B．重量大　　C．功能强　　D．耗电量大

122．“使用计算机进行数值运算，可根据需要获得千分之一到几百万分之一甚至更高的精确度”，该描述说明计算机具有（　　）。

A．自动控制能力　　B．高速运算的能力

C．记忆能力　　D．很高的计算精度

123．下列接口中，不能用于连接扫描仪的是（　　）。

A．USB 接口　B．SCSI 接口　C．并行接口　D．串行接口

124．下列 4 个选项中，不属于输入设备的是（　　）。

A．光笔　B．无线鼠标　C．扫描仪　D．绘图仪

125．采用超大规模集成电路的计算机是计算机发展中的（　　）。

A．第 4 代　B．第 3 代　C．第 2 代　D．第 1 代

126．下列芯片制造工艺中，最先进的是（　　）。

A．32 纳米　B．0.09 微米　C．45 纳米　D．0.13 微米

127．计算机系统包括硬件系统和软件系统，关于两者之间的关系，下列说法正确的是（　　）。

A．两个系统必须互相适合、配套

B．硬件是首要的，软件是次要的

C．软件是首要的，硬件是次要的

D．只要有了硬件，软件可有可无

128．决定外设与外设交换数据的是（　　）。

A．输入输出数据的传输速率　B．内存容量

C．外存容量　D．运算速度

129．声卡的主要功能不包括（　　）。

A．音频的录制与播放　B．音频编辑与音乐合成

C．文字语音转换　D．图形图像压缩

130．计算机的通用性使其可以求解不同的算术和逻辑问题，这主要取决于计算机的（　　）。

A．高速运算　B．指令系统　C．可编程性　D．存储功能

## 三、判断题

1．CPU 能直接访问存储在内存中的数据，也能直接访问存储在外存中的数据。（　　）

2．所有计算机的字长都是固定不变的。（　　）

3．扇区是磁盘存储信息的最小单位。（　　）

4．温度是影响计算机正常工作的重要因素。（　　）

5．操作系统把刚输入的数据或程序存入 RAM 中，为防止信息丢失，用户在关机前应先将信息保存到 ROM 中。（　　）

6．1946 年 2 月诞生了世界上第一台电子计算机 EDSAC。（　　）

7．RAM 是只读存储器，只能读出原有的内容，不能写入新内容。（　　）

8．计算机能执行的语言是自然语言。（　　）

9．打印机是一种输出设备。（　　）

10．CPU 中带有高速缓存，所以可以取代内存。（　　）

11．内存属于内存储器，主板上的 ROM 属于外存储器。（　　）

12．机器断电后，ROM 中的数据将会丢失。（　　）

13．U 盘、硬盘、光盘都是外存。（　　）

14．断电后，外存储器中的数据不会丢失。 （ ）
15．绘图仪、鼠标、触摸屏、显示器都是输入设备。 （ ）
16．专用的 AGP 接口的速度快于通用的 PCI-E 接口的速度。 （ ）
17．所有主板都有北桥芯片和南桥芯片。 （ ）
18．存储在任何存储器中的信息在断电后都不会丢失。 （ ）
19．操作系统是只对硬盘进行管理的程序。 （ ）
20．硬盘装在主机箱内，因此硬盘属于主存储器。 （ ）
21．磁盘驱动器属于外部设备。 （ ）
22．以数字量作为运算对象的计算机称为电子数字计算机。 （ ）
23．CPU 可以直接访问外存。 （ ）
24．外存包括磁盘存储器、光盘存储器和闪存存储器。 （ ）
25．计算机中信息存储的最小单位是字节。 （ ）
26．DVD 不是光盘存储器。 （ ）
27．在计算机的硬件系统中，输入/输出设备简称为 I/O 设备。 （ ）
28．液晶显示器的动态对比度越高，说明静态对比度也越高。 （ ）
29．越先进的硬盘碟片数越多。 （ ）
30．显卡的核心是显示芯片。 （ ）

# 学习项目二 Windows 7 系统安装与操作

## 一、填空题

1．在 Windows 7 系统中，使用__________组合键可以关闭应用程序窗口。

2．在 Windows 的资源管理器中，要选择连续 4 个文件，先单击第 1 个文件，再按住__________键单击第 4 个文件。

3．在 Windows 中，附件的“系统工具”菜单下，可以把一些临时文件、已下载的文件等进行清理，以释放磁盘空间的程序是__________。

4．小键盘区的数字键有“输入数字”和“光标控制”双重功能，功能切换是通过__________键来实现的。

5．在 Windows 中，为获得相关软件的帮助信息，一般按的键是__________。

6．在 Windows 7 文件夹窗口中共有 65 个文件，其中有 30 个被选定，按组合键 Ctrl+A 后，被选定的文件个数是__________。

7．在 Windows 7 中，有的对话框右上角有“？”按钮，它的功能是__________。

8．在 Windows 7 的附件中，可以用鼠标代替键盘输入字符和符号的应用程序是__________。

9．在 Windows 7 中，快捷方式的扩展名为__________。

10．在 Windows 7 资源管理器中，若要恢复回收站中的文件，在选定待恢复的文件后，应选择“文件”菜单中的__________命令项。

11．在 Windows 7 文件夹窗口中共有 15 个文件，先按住 Ctrl 键，再依次单击前 5 个文件，被选定的文件个数是__________。

12．Windows 7 下恢复被误删除的文件，应在__________中还原。

13．在 Windows 资源管理器中，如果要搜索扩展名为.txt 的所有文件，搜索框中输入的关键字为__________。

14．在 Windows 7 资源管理器中，选定全部文件和文件夹的组合键是__________。

15．在 Windows 7 中，将鼠标指针移动到窗口的__________位置拖曳，可以移动窗口。

16. Windows 7 中的计算器有 4 个主要界面，分别是__________、__________、__________和__________。

17．Windows 7 中应用程序之间互相切换的组合键是__________。

18．资源管理器中，选中一个文件后，在__________会显示该文件的类型、大小、创建日期等信息。

19．Windows 7 中窗口的名称通常显示在__________。

20．在资源管理器中格式化 U 盘，选择的文件系统格式通常是__________。

21．Windows 7 中，__________是用来在程序和文件间传递信息的临时存储区。

22．在资源管理器中，重命名文件或文件夹使用的组合键是__________。

23．在资源管理器中，搜索文件或文件夹使用的组合键是__________。

24．Windows 7 中，在全屏状态下退出“命令提示符”的命令是__________。

25．在资源管理器中，将文件或文件夹拖曳到不同磁盘分区，通常是复制，要想实现剪切的目的，需要在拖曳时按住__________。

26．Windows 7 中写字板文档的默认扩展名是__________。

27．Windows 7 资源管理器中，把文件“发送到”U 盘，本质上是把文件__________到 U 盘。

28．要彻底删除回收站中的某个文件，可以右击该文件，在弹出的快捷菜单中选择__________命令。

29．Windows 7 资源管理器中，要直接返回上一个文件夹，可以单击“工具栏”上的__________按钮。

30．要在 Windows 7 资源管理器中显示系统文件，需要在“工具”→“文件夹选项”→“查看”中选中__________单选按钮。

## 二、选择题

1．操作系统的功能之一是（　　）。

A．管理硬件　　B．保护硬件

C．取代硬件　　D．安装硬件

2．对于 Windows 7，下列说法不正确的是（　　）。

A．是一个多用户多任务操作系统　　B．提供了图形的用户界面

C．提供了网络和通信功能　　D．必须使用鼠标才能操作

3．“桌面”指的是 Windows 启动后的（　　）。

A．整个屏幕区域　　B．某个窗口

C．非活动窗口　　D．主控窗口

4. 控制面板的主要作用是（　　）。

A. 调整窗口　　B. 设置系统配置

C. 管理应用程序　　D. 设置高级语言

5. 当某个应用程序窗口被最小化后，该程序将（　　）。

A. 被中止执行　　B. 被删除

C. 暂停执行　　D. 被关闭

6. 在资源管理器中，双击某个文件夹图标，将（　　）。

A. 删除该文件夹　　B. 显示该文件夹内容

C. 删除文件夹内文件　　D. 复制该文件夹

7. 任务栏上显示的图标，表示（　　）。

A. 正在运行的程序　　B. 硬盘中的程序

C. 光盘中的程序　　D. 不需要的程序

8. 菜单中呈现灰色的选项，表示（　　）。

A. 该选项不能执行　　B. 该选项可以执行

C. 该选项正在执行　　D. 该选项已被删除

9. Windows 中对话框的作用是（　　）。

A. 撤销误操作　　B. 输入参数的环境

C. 提供警告信息　　D. 查找替换字符

10. 在 Windows 7 中可以同时打开多个“资源管理器”窗口，用鼠标将某个文件从一个窗口拖到另一个窗口，通常是完成文件的（　　）。

A. 删除　　B. 移动和复制

C. 修改和保存　　D. 更新

11. 以下对剪贴板的描述，错误的是（　　）。

A. 只有经过剪切或复制操作后，才能将选定的内容存入剪贴板

B. 剪贴板是在内存中开辟的存储空间

C. 剪贴板的大小是可以自行设置的

D. 计算机关闭后，剪贴板的内容消失

12. 如果在 Windows 7 中进行了多次剪切操作，则剪贴板中的内容是（　　）。

A. 第一次剪切的内容　　B. 最后一次剪切的内容

C. 所有剪切的内容　　D. 空白

13. 窗口上方深蓝色的横条称为“标题栏”，双击标题栏可以（　　）。

A. 最大化窗口或还原　　B. 关闭窗口

C. 不同程序切换　　D. 隐藏窗口

14. 在资源管理器中，如何选取不连续的多个文件或文件夹（　　）。

A. 按住 Ctrl 键，单击　　B. 双击

C. 按住 Shift 键，单击　　D. 双击鼠标右键

15. 为了在磁盘中快速查找“.doc”文件，以下最好的方式是（　　）。

A. 按名称查找　　B. 按日期查找

C. 按大小查找　　D. 按类型查找

16. 关于快捷方式，下列说法不正确的是（　　）。
A. 快捷方式是指向一个程序或文档的指针
B. 双击快捷方式，可运行指定的对象
C. 快捷方式是桌面上的图标
D. 快捷方式包含了指向对象本身的内容

17. Windows 7 的文件夹组织结构是一种（　　）。
A. 表格结构　　B. 树形结构　　C. 网状结构　　D. 线型结构

18. 操作系统是（　　）。
A. 使计算机便于操作的硬件
B. 计算机的操作规范
C. 管理各类计算机系统资源，为用户提供友好界面的一组管理程序
D. 便于操作的计算机系统

19. 下列不属于常用微机操作系统的是（　　）。
A. DOS　　B. Windows　　C. C++　　D. OS/2

20. 若希望将某个窗口的完整视图复制到剪贴板中去，可按（　　）组合键。
A. Alt+PrintScreen　　B. PrintScreen　　C. Ctrl+C　　D. Ctrl+X

21. 在 Windows 中，关于对话框叙述不正确的是（　　）。
A. 对话框没有“最大化”按钮　　B. 对话框没有“最小化”按钮
C. 对话框的窗口大小不能改变　　D. 对话框不能移动

22. 在 Windows 中，为结束陷入死循环的程序，应首先按的组合键是（　　）。
A. Ctrl+Alt+Del　　B. Ctrl+Del　　C. Alt+Del　　D. Alt+Tab

23. Windows 的文件夹结构是一种（　　）。
A. 关系结构　　B. 网状结构　　C. 对象结构　　D. 树形结构

24. 操作系统是（　　）。
A. 软件与硬件的接口　　B. 计算机与用户的接口
C. 主机与外设的接口　　D. 高级语言与机器语言的接口

25. 在 Windows 7 中，程序窗口最小化后（　　）。
A. 程序仍在前台运行　　B. 程序转为后台运行
C. 程序运行被终止　　D. 程序运行被暂停，但可随时恢复

26. 在 Windows 7 中可以用组合键（　　）来关闭一个窗口。
A. Alt+F4　　B. Ctrl+F4　　C. Shift+F4　　D. Alt+Shift

27. 在 Windows 7 中，对文件和文件夹的管理是通过（　　）来进行的。
A. 对话框　　B. 剪贴板
C. 资源管理器或计算机　　D. 控制面板

28. 在 Windows 7 中，按组合键（　　）可实现中英文输入法的切换。
A. Ctrl+空格　　B. Shift+空格　　C. Ctrl+Shift　　D. Alt+Tab

29. 把一个文件拖到回收站，则（　　）。
A. 是把该文件复制到回收站　　B. 删除该文件，且不能恢复
C. 删除该文件，但可恢复　　D. 系统提示“执行非法操作”

30．以下（　　）不能移动。

A．应用程序窗口　　B．文档窗口

C．已最大化的窗口　　D．所有窗口

31．在记事本中通过菜单操作，将 T1.txt 另存为 T2.txt，则（　　）。

A．T1.txt 改名为 T2.txt

B．原 T1.txt 不变，当前窗口内容以文件名 T2.txt 存盘

C．T1.txt 改名为 T2.txt，当前窗口内容以文件名 T1.txt 存盘

D．当前窗口内容以文件名 T1.txt 存盘，同时再以文件名 T2.txt 存盘

32．多媒体信息不包括（　　）。

A．文本、图形　　B．音频、视频　　C．图像、动画　　D．光盘、声卡

33．在资源管理器中，单击左窗口中文件夹左边的“▷”，则（　　）。

A．在左窗口中扩展该文件夹

B．在左窗口中显示该文件夹的子文件夹

C．在右窗口中显示该文件夹的子文件夹

D．在右窗口中显示该文件夹的子文件夹和文件

34．Windows 7 中，可以打开“开始”菜单的组合键是（　　）。

A．Alt+Esc　　B．Ctrl+Esc　　C．Tab+Esc　　D．Shift+Esc

35．Windows 7 中，磁盘驱动器“属性”对话框“工具”选项卡中包括的磁盘管理工具有（　　）。

A．修复　　B．碎片整理　　C．复制　　D．格式化

36．Windows 7 中，按 PrintScreen 键，则使整个桌面内容（　　）。

A．打印到打印纸上　　B．打印到指定文件

C．复制到指定文件　　D．复制到剪贴板

37．Windows 7 中利用“搜索”窗口不能按（　　）。

A．文件中所包含的文字搜索　　B．文件修改日期搜索

C．文件大小搜索　　D．文件属性搜索

38．Windows 7 中，下列关于“关闭窗口”的叙述，错误的是（　　）。

A．用控制菜单中的“关闭”命令可关闭窗口

B．关闭应用程序窗口，将导致其对应的应用程序运行结束

C．关闭应用程序窗口，则任务栏上其对应的任务按钮将从凹变凸

D．按 Alt+F4 组合键，可关闭应用程序窗口

39．Windows 7 中，不含“资源管理器”命令的快捷菜单是（　　）。

A．右击“计算机”图标，弹出的快捷菜单

B．右击“回收站”图标，弹出的快捷菜单

C．右击桌面任一空白位置，弹出的快捷菜单

D．右击“计算机”文件夹窗口内的任一驱动器，弹出的快捷菜单

40．如果 Windows 7 桌面上已经有某应用程序的图标，要运行该程序，可以（　　）。

A．单击该图标　　B．右击该图标

C．双击该图标　　D．用鼠标右键双击该图标

41．在桌面上要移动任何 Windows 7 窗口，可用鼠标指针拖曳该窗口的（　　）。

A．标题栏　　B．边框　　C．滚动条　　D．控制菜单

42．为了减少因误操作而将文件修改和删除，可将文件设置成（　　）属性。

A．系统　　B．隐藏　　C．存储　　D．只读

43．在 Windows 7 中可以进行文件和文件夹管理的软件是（　　）。

A．“控制面板”和“开始”菜单　　B．“计算机”和“资源管理器”

C．“资源管理器”和“控制面板”　　D．“计算机”和“控制面板”

44．在 Windows 7 中，下列关于“粘贴”操作中正确的是（　　）。

A．“粘贴”是将选择了的内容移到剪贴板中

B．“粘贴”是将选择了的内容复制到剪贴板中

C．“粘贴”是将剪贴板中的内容移动到指定的位置

D．“粘贴”是将剪贴板中的内容复制到指定的位置

45．当一个文本文档窗口保存后被关闭，该文档将（　　）。

A．既保存在外存中也保存在内存中　　B．保存在内存中

C．保存在剪贴板中　　D．保存在外存中

46．下列均为在资源管理器中删除文件的操作，其中（　　）在回收站中找不到被删文件。

A．使用菜单栏的“文件”→“删除”命令

B．使用 Delete 键

C．按住 Shift 键，再使用 Delete 键

D．使用鼠标右键快捷菜单的“删除”命令

47．下列几种操作系统中，（　　）不是网络操作系统。

A．MS-DOS　　B．NetWare

C．Windows 2003　　D．UNIX

48．鼠标的单击操作是指（　　）。

A．移动鼠标使鼠标指针出现在屏幕上的某一位置

B．按住鼠标左键，移动鼠标把鼠标指针移动到某个位置再释放左键

C．按下并快速地释放鼠标左键

D．快速连续地两次按下并释放鼠标左键

49．在资源管理器中，当删除一个文件夹时，该文件下的（　　）将被删除。

A．所有文件　　B．所有子文件夹

C．所有子文件夹和文件　　D．所有子文件夹下的文件

50．Windows 中的窗口可以移动和改变大小，而对话框（　　）。

A．既不能移动，也不能改变大小　　B．可以移动，但不能改变大小

C．可以改变大小，但不能移动　　D．既能移动，也能改变大小

51．“编辑”菜单中和剪贴板有关的基本操作及其对应热键应为（　　）。

A．复制 Ctrl+C，剪切 Ctrl+V，撤销 Ctrl+U

B．撤销 Ctrl+Z，剪切 Ctrl+C，粘贴 Ctrl+V

C．复制 Ctrl+P，剪切 Ctrl+X，粘贴 Ctrl+V

D．复制 Ctrl+C，剪切 Ctrl+X，粘贴 Ctrl+V

52．记事本中的“保存”操作，是将文件保存在（　　）。

A．内存　　B．运算器　　C．控制器　　D．外存

53．在资源管理器中，“编辑”菜单中的“剪切”命令（　　）。

A．只能剪切文件夹　　B．不能剪切文件夹

C．可以剪切文件夹和文件　　D．无论如何都不能剪切系统文件

54．在 Windows 7 环境中，为了终止应用程序的运行，应（　　）。

A．关闭该应用程序窗口　　B．最小化该应用程序窗口

C．双击该应用程序窗口的标题栏　　D．将该应用程序窗口移出屏幕

55．Windows 2003 属于（　　）软件。

A．计算机辅助教育　　B．与 Windows 98 功能相同的操作系统

C．数据库管理系统　　D．网络操作系统

56．要完成文件的复制、删除、移动等操作，可使用（　　）。

A．剪贴板　　B．任务栏　　C．桌面　　D．资源管理器

57．Windows 7 中，窗口右上角的“×”按钮是（　　）。

A．“关闭”按钮　　B．“最大化”按钮

C．“最小化”按钮　　D．“选择”按钮

58．下列属于系统软件的是（　　）。

A．Office 2010　　B．Windows 8　　C．Netspace　　D．Flash

59．Windows 7 是一个多任务操作系统，这是指（　　）。

A．可供多个用户同时使用　　B．可同时运行多个应用程序

C．可运行很多种应用程序　　D．可同时管理多种资源

60．要将硬盘上的文件复制到 U 盘，（　　）不能完成。

A．仅使用“编辑”菜单中的“复制”命令

B．使用鼠标右键快捷菜单中的“发送到”命令

C．在“命令提示符”窗口中使用“copy”命令

D．使用鼠标左键拖动

61．下列关于 Windows 对话框的叙述中，错误的是（　　）。

A．对话框是提供给用户与计算机对话的界面

B．对话框的位置可以移动，但大小不能改变

C．对话框的位置和大小都不能改变

D．对话框中可能会出现滚动条

62．使用 Windows 7 自带的画图程序建立的文件，其默认扩展名是（　　）。

A．TXT　　B．DOC　　C．XLS　　D．BMP

63．在 Windows 7 中，显示在窗口最顶部的称为（　　）。

A．标题栏　　B．信息栏　　C．菜单栏　　D．工具栏

64．在资源管理器的右窗口中，若已单击了第一个文件，又按住 Ctrl 键并单击了第五个文件，则（　　）。

A．有 0 个文件被选中　　B．有 5 个文件被选中

C．有 1 个文件被选中　　D．有 2 个文件被选中

65．下列关于 Windows 7“对话框”的叙述中，（　　）是错误的。

A．对话框是一种特殊的窗口　　B．对话框左上角有“控制菜单”

C．用 Alt+F4 组合键可以关闭对话框　　D．对话框的大小不可以改变

66．下列组合中，（　　）两个都是系统软件。

A．Windows 7 和 Office 2003　　B．Linux 和 Windows 7

C．NetWare 和 CAD　　D．UNIX 和 Photoshop

67．在 Windows 7 中，窗口最大化后不能进行的操作是（　　）。

A．恢复　　B．最小化　　C．移动　　D．关闭

68．要在 Windows 中移动窗口的位置，应利用鼠标拖动窗口的（　　）。

A．工作区　　B．标题栏　　C．边框　　D．菜单栏

69．下列选项中，哪一项不是操作系统的主要功能（　　）。

A．CPU 管理　　B．内存管理　　C．外设管理　　D．数据库管理

70．在 Windows 的鼠标操作中，鼠标的拖动可以（　　）。

A．改变窗口大小　　B．排列图标　　C．打开窗口　　D．关闭窗口

71．在 Windows 7 中，将窗口最小化的操作是（　　）。

A．单击“最小化”按钮　　B．双击标题栏

C．单击控制菜单图标　　D．双击控制菜单图标

72．Windows 剪贴板中已复制进一幅图像，再复制一段文字，则剪贴板中（　　）。

A．图像在前，文字在后　　B．文字在前，图像在后

C．只有图像　　D．只有文字

73．操作系统是一种对计算机（　　）进行控制和管理的系统软件。

A．硬件　　B．资源　　C．软件　　D．文件

74．Windows 中的剪贴板是（　　）中一块临时存放交换信息的区域。

A．RAM　　B．ROM　　C．硬盘　　D．应用程序

75．Windows 7 资源管理器将文件暂时删除时，被删除的文件存放在（　　）。

A．桌面　　B．Windows 临时文件夹

C．回收站　　D．剪贴板

76．在 Windows 环境下，下列操作中与剪贴板无关的是（　　）。

A．剪切　　B．复制　　C．粘贴　　D．删除

77．在 Windows 7 中若要用鼠标改变当前窗口的大小，鼠标指针应（　　）。

A．置于窗口内　　B．置于菜单栏

C．置于窗口边框　　D．置于标题栏

78．在 Windows 7 中的“附件”组中，（　　）程序可以用于编辑图文并茂的文档。

A．计算器　　B．画图　　C．记事本　　D．写字板

79．Windows 7 中一个没有最大化的窗口，标题栏右上角的按钮包括（　　）。

A．最小化、最大化、关闭　　B．最小化、最大化、还原

C．还原、最大化、关闭　　D．最小化、还原、关闭

80．Windows 资源管理器中“编辑”菜单中的“剪切”和“复制”命令有时是灰色的，只有（　　）后，这两个功能才能使用。

A．按鼠标左键　　B．选中对象
C．按鼠标右键　　D．剪贴板上有内容

81．Windows 7 操作系统是（　　）公司的产品。
A．Intel　　B．Microsoft　　C．IBM　　D．AMD

82．剪贴板是内存中的一块公用区域，其内容（　　）。
A．可以被所有应用程序使用　　B．被使用一次就会消失
C．在用户注销后就会消失　　D．只能在同一个应用程序中多次使用

83．Windows 7 中，在不同的运行程序间切换，可以用组合键（　　）。
A．Alt+Esc　　B．Ctrl+Esc　　C．Alt+Tab　　D．Ctrl+Tab

84．在资源管理器中，右击一个文件夹，会（　　）。
A．弹出一个快捷菜单　　B．打开该文件夹
C．删除该文件夹　　D．与鼠标左键效果一样

85．下列关于 Windows“附件”的叙述中，错误的是（　　）。
A．只有安装音频设备，才能使用附件中提供的录音机
B．不安装附件，并不影响 Windows 的正常使用
C．媒体播放器程序不能播放网页上的媒体文件
D．写字板和记事本保存文件时，默认的文件类型不同

86．在 Windows 回收站被清空后，里面的文件（　　）。
A．全部不能恢复　　B．全部能恢复
C．部分能恢复　　D．以上都不对

87．下列叙述正确的是（　　）。
A．记事本不能进行图形处理
B．画图可以进行文字处理
C．记事本和画图都可以处理文字和图形
D．以上都不对

88．要查看磁盘剩余空间的大小，可在资源管理器中右击该磁盘，在快捷菜单中选择（　　）。
A．查看　　B．打开　　C．系统　　D．属性

89．Windows 7 资源管理器的作用是（　　）。
A．用于实现对网络资源的管理　　B．用于实现对桌面上资源的管理
C．用于实现对内存资源的管理　　D．用于实现对文件和文件夹等资源的管理

90．在画图程序中，为了确保所画的线是垂直线，应（　　）。
A．小心翼翼地画　　B．按住 Tab 键画
C．按住 Shift 键画　　D．按住 Alt 键画

91．在 Windows 7 中，（　　）颜色的变化可区分活动窗口和非活动窗口。
A．标题栏　　B．信息栏　　C．菜单栏　　D．工具栏

92．在资源管理器中用鼠标选中一个文件，然后拖曳到另一个逻辑磁盘中，实现了对文件的（　　）。
A．移动　　B．复制　　C．剪切　　D．删除

93．在 Windows 中，文件名不可以（　　）。

A．包含空格　　B．长达 260 个字符
C．包含标点符号　　D．使用汉字

94．Windows 7 任务栏上存放的是（　　）。

A．正在前台运行的程序　　B．正在后台运行的程序
C．所有正在运行的程序　　D．硬盘上的所有程序

95．Windows 7 中，文件具有 4 种属性，用户建立的文件一般具有（　　）属性。

A．存档　　B．只读　　C．系统　　D．隐藏

96．操作系统是对计算机软、硬件资源进行（　　）的程序。

A．管理和控制　　B．汇编和执行
C．输入和输出　　D．编译和连接

97．在资源管理器中，双击一个.txt 文件，计算机默认启动（　　）来打开该文件。

A．写字板　　B．记事本　　C．Word　　D．画图

98．Windows 7 中进行了多次复制操作后，剪贴板中的内容是（　　）。

A．第一次复制的内容　　B．所有复制的内容
C．最后一次复制的内容　　D．空白

99．（　　）是上档键，主要用于辅助输入字母。

A．Ctrl　　B．Shift　　C．Alt　　D．Tab

100．资源管理器不能进行的操作是（　　）。

A．修改系统时间　　B．文件重命名
C．格式化磁盘　　D．复制文件

101．在 Windows 7 中单击有指向箭头的菜单选项，则（　　）。

A．打开层叠式菜单　　B．打开一个对话框
C．打开该选项　　D．运行子菜单

102．下列不属于微型计算机操作系统的是（　　）。

A．Windows　　B．WPS　　C．UNIX　　D．Linux

103．在 Windows 资源管理器中，下列（　　）字符不能出现在文件名中。

A．:　　B．$　　C．空格　　D．+

104．在 Windows 中，双击一个已经最大化的应用程序窗口标题栏，该窗口将（　　）。

A．关闭　　B．最小化　　C．还原　　D．不变化

105．在 Windows 系统中，终止应用程序的正确方法是（　　）。

A．双击该应用程序窗口左上角的控制菜单
B．将应用程序窗口最小化成图标
C．双击应用程序窗口右上角的“还原”按钮
D．双击应用程序窗口中的标题栏

106．在 Windows 资源管理器中，若选中了 C 盘上的一个文件，并用鼠标左键将其拖曳到 D 盘中，其结果是（　　）。

A．将该文件从 C 盘移动到 D 盘　　B．将该文件从 C 盘复制到 D 盘
C．将该文件从 C 盘删除　　D．无任何结果

107. 在 Windows 回收站中，可以还原（　　）。

A. 从硬盘中删除的文件和文件夹　　B. 从光盘中删除的文件和文件夹

C. 从软盘中删除的文件和文件夹　　D. 剪切掉的文档

108. 在 Windows 系统中，利用标题栏左边的控制菜单，不能完成的操作是（　　）。

A. 打开窗口　　B. 改变窗口的大小

C. 关闭窗口　　D. 移动窗口

109. 在 Windows 7 中，实现窗口移动的操作是（　　）。

A. 将鼠标指针指向菜单栏，拖动鼠标

B. 将鼠标指针指向边框，拖动鼠标

C. 将鼠标指针指向标题栏，拖动鼠标

D. 将鼠标指针指向任何位置，拖动鼠标

110. 在 Windows 资源管理器中选定了文件或文件夹后，若要将它们移动到不同驱动器的文件中，操作为（　　）。

A. 按下 Ctrl 键拖动鼠标　　B. 按下 Shift 键拖动鼠标

C. 直接拖动鼠标　　D. 按下 Alt 键拖动鼠标

111. 使用 Windows 7 中的录音机进行录音，一般保存文件的格式为（　　）。

A. .wav　　B. .dat　　C. .midi　　D. .snd

112. Windows 中，可以退出画图应用程序的操作方法是（　　）。

A. 执行“图像”菜单中的“清除图像”命令

B. 执行“编辑”菜单中的“剪切”命令

C. 执行“文件”菜单中的“退出”命令

D. 执行“编辑”菜单中的“撤销”命令

113. 在 Windows 资源管理器中选定了文件或文件夹后，若要将它们复制到同一驱动器的文件夹中的操作是（　　）。

A. 按下 Ctrl 键拖动鼠标　　B. 按下 Shift 键拖动鼠标

C. 直接拖动鼠标　　D. 按下 Alt 键拖动鼠标

114. Windows 7 当前活动窗口是文档 d1.txt 的窗口，单击该窗口的“最小化”按钮后（　　）。

A. 不显示 d1.txt 文档的内容，但 d1.txt 文档并未关闭

B. 该窗口和 d1.txt 文档都被关闭

C. d1.txt 文档未关闭，且继续显示其内容

D. 关闭了 d1.txt 文档，但该窗口并未关闭

115. 可以退出 Windows 7 的写字板程序的操作是（　　）。

A. 执行“编辑”菜单中的“清除”命令

B. 执行“编辑”菜单中的“剪切”命令

C. 执行“文件”菜单中的“退出”命令

D. 执行“编辑”菜单中的“撤销”命令

116. 在 Windows 7 中，“资源管理器”图标（　　）。

A. 一定出现在桌面上　　B. 可以设置到桌面上

C. 可以通过单击将其显示到桌面上　　D. 不可能出现在桌面上

117. 下列关于 Windows 7 的说法不正确的是（　　）。
A. 可以建立多个用户账户　　B. 只能一个用户账户访问系统
C. 当前用户账户可以切换　　D. 可以注销当前用户账户

118. 使用 Windows 7 自带的录音机录音，计算机必须安装（　　）。
A. 麦克风　　B. 耳机　　C. 软驱　　D. CD-ROM

119. Windows 的资源管理器中的图标▷ 表示的含义是（　　）。
A. 标记文件夹中还有子文件夹　　B. 备份文件的标记
C. 文件夹被压缩的标记　　D. 系统文件夹的标记

120. Windows 7 系统默认状态下启动自带的录音机的方法是单击（　　）。
A. 所有程序→启动→辅助工具→录音机
B. 所有程序→系统→辅助工具→录音机
C. 控制面板→附件→娱乐→录音机
D. 所有程序→附件→娱乐→录音机

121. Windows 7 中，在输入法列表框中选定一种汉字输入法，屏幕上就会弹出一个与该输入法相应的（　　）。
A. 汉字字体列表框　　B. 汉字字号列表框
C. 汉字输入编码框　　D. 汉字输入法状态栏

122. 默认启动“Windows Media Player”的方法是单击（　　）。
A. 所有程序→启动→辅助工具→Windows Media Player
B. 所有程序→系统→辅助工具→Windows Media Player
C. 所有程序→附件→娱乐→Windows Media Player
D. 控制面板→附件→娱乐→Windows Media Player

123. 在 Windows 7 中，当一个文档被打开后，该文档将（　　）。
A. 同时保留在内存和外存中　　B. 仅保留在内存中
C. 从外存中清除　　D. 仅保留在外存中

124. 在“资源管理器”窗口中，其左窗口显示的是（　　）。
A. 当前打开的磁盘或文件夹的内容
B. 系统的树形文件夹结构
C. 桌面上所有的文件夹和文件
D. 当前打开的磁盘或文件夹名称

125. 下列关于附件中画图程序说法不正确的是（　　）。
A. 生成的文件默认为位图文件　　B. 只能浏览图片
C. 可以编辑图片　　D. 打开的图片中可以输入文本内容

126. 下列（　　）格式的文件不被“Windows Media Player”所支持。
A. .mpg　　B. .wav　　C. .txt　　D. .midi

127. 能正确阅读 HTML 文档的程序是（　　）。
A. 浏览器　　B. Outlook　　C. 画图　　D. FTP

128. 下列 4 种文件格式中，属于音频文件的格式是（　　）。
A. WAV 格式　　B. JPG 格式　　C. DAT 格式　　D. MIC 格式

129．下列关于 Windows 7 应用程序窗口的叙述中，错误的是（ ）。

A．窗口是应用程序运行后的工作区

B．同时打开的多个窗口可以重叠排列

C．窗口的位置和大小都可以改变

D．窗口的位置可以移动，但大小不能改变

130．在 Windows 7 中，文件名命名不能（ ）。

A．使用汉字字符　　B．包括空格字符

C．长达 255 个字符　　D．使用?和*

131．Windows 7 中，当屏幕上有两个以上的窗口时，对活动窗口的正确说法是（ ）。

A．可以有多个活动窗口　　B．没有一个活动窗口

C．被其他窗口盖住的窗口　　D．一个标题栏的颜色与众不同的窗口

132．在 Windows 中，关于设置默认的汉字输入法说法不正确的是（ ）。

A．设置的默认输入法可以改变

B．右击输入法图标，选择设置

C．选择控制面板中“区域和语言”图标

D．单击输入法图标，在菜单中选择默认输入法

133．下列功能中，画图程序不能完成的是（ ）。

A．擦除　　B．移动图形　　C．播放 VCD　　D．图形翻转

134．默认启动画图程序的方法是单击（ ）。

A．所有程序→启动→辅助工具→画图

B．所有程序→系统→辅助工具→画图

C．所有程序→附件→画图

D．制面板→附件→娱乐→画图

135．下列格式中，音频文件格式不包括（ ）。

A．WAV 格式　　B．JPG 格式　　C．MP3 格式　　D．WMA 格式

136．在 Windows 7 中，关于文件夹的描述不正确的是（ ）。

A．文件夹是用来组织和管理文件的　　B．“计算机”是一个文件夹

C．文件夹中可以存放设备文件　　D．文件夹中不可以存放设备文件

137．下列多媒体工具软件，由 Windows 7 自带的是（ ）。

A．Media Player　　B．GoldWare　　C．Winamp　　D．RealPlayer

138．下列文件格式中，（ ）可实现动画。

A．PNG 格式　　B．GIF 格式　　C．BMP 格式　　D．JPG 格式

## 三、判断题

1．用灰色字符显示的菜单命令表示相应的程序被破坏。（ ）

2．每一个窗口都有工具栏，位于菜单栏的下面。（ ）

3．Windows 7 操作系统可同时运行多个程序。（ ）

4．用户可以在屏幕上移动窗口和改变窗口的大小。（ ）

5．操作系统属于计算机的软件系统。（ ）

6．在 Windows 7 的资源管理器中不能查看磁盘的剩余空间。（ ）

7．写字板中没有插入/改写状态，它只能以插入方式来输入文字。（ ）

8．在 Windows 的资源管理器中，利用“文件”菜单中的“重命名”命令既可以对文件改名，也可以对文件夹改名。（ ）

9．文档窗口最大化后将占满整个桌面。（ ）

10．Windows 7 中窗口和对话框的区别是窗口有菜单栏而对话框没有。（ ）

11．Windows 7 的回收站中存放的是所有外存储器中被删除的文件和文件夹。（ ）

12．在 Windows 7 的资源管理器中不同文件夹下的文件可以同名。（ ）

13．Windows 7 中窗口和对话框都可以改变大小。（ ）

14．Windows 7 中，回收站不能恢复 U 盘上被删除的文件。（ ）

15．当 Caps Lock 灯亮时，可以在“智能 ABC”输入法下输入英文字符。（ ）

16．当 Caps Lock 灯亮时，可以通过 Shift 键的配合输入小写字母。（ ）

17．可以通过 Shift 键的配合，进行上档字符的输入。（ ）

18．Ctrl、Alt、Delete 三键配合可以打开资源管理器。（ ）

19．文字处理软件属于一种系统软件。（ ）

20．操作系统可以用来管理计算机的各种软硬件资源。（ ）

21．在 Windows 7 中，文件名可用字符、数字或汉字命名，文件名最多使用 8 个字符。（ ）

22．写字板是文字处理软件，不能进行图文处理。（ ）

23．画图是绘图工具，不能输入文字。（ ）

24．写字板和画图均可以进行文字和图形处理。（ ）

25．记事本文件可以插入自选图形。（ ）

26．在 Windows 7 中，写字板和记事本所编辑的文档均可通过剪切、复制和粘贴与其他 Windows 应用程序交换信息。（ ）

27．通过设置回收站，可以在删除文件时，直接删除，而不是将文件暂时存放在回收站中。（ ）

28．Windows 7 的资源管理器中，用户可以在不打开“回收站”窗口的情况下清空回收站。（ ）

29．在资源管理器中，右击一个硬盘或光盘图标，弹出的是相同的菜单。（ ）

30．在资源管理器中删除文件夹时，可将此文件夹下的所有文件和子文件夹一同删除。（ ）

## 四、操作题

1．计算机。

（1）在桌面上打开“计算机”窗口。

（2）通过操作窗口标题栏，使没有最大化的“计算机”窗口达到最大化。

（3）通过“计算机”窗口打开“控制面板”窗口。

（4）隐藏“计算机”窗口的状态栏。

（5）通过“计算机”窗口打开“我的文档”窗口，然后以平铺的方式显示窗口中的图标。

（6）打开“计算机”窗口，然后通过控制菜单将窗口最小化到任务栏中。

（7）打开“计算机”窗口，锁定工具栏。

（8）请在“计算机”窗口，打开“本地磁盘 (E:)属性”对话框，获取磁盘文件系统“NTFS”的帮助信息。

（9）请通过“计算机”打开 E:\loaddown\zxrd\dd.txt 文件。

（10）搜索 C 盘中第三个字符为“e”的文件和文件夹。

（11）将“计算机”下的资源按“名称”重新排列。

（12）从桌面上双击打开“计算机”窗口，然后通过标题栏的“关闭”按钮关闭窗口。

（13）通过“计算机”窗口打开资源管理器，然后以“详细信息”显示图标。

（14）在“计算机”的 F 盘中创建名为“公司文件”的文件夹。

（15）在“计算机”窗口搜索 C 盘“Windows”文件夹中所有扩展名为“.exe”的文件。

（16）使计算机中已知的文件均不显示扩展名。

（17）清空回收站。

（18）在“计算机”窗口的 C 盘中，搜索名称以 b 开头的文件及文件夹。

（19）在“计算机”窗口中，格式化一个 U 盘，并将 ZCKS 作为磁盘卷标。

（20）打开“计算机”窗口中的 C 盘，一次性选择窗口中所有的文件和文件夹。

（21）设置“计算机”窗口，使窗口标题栏显示完整路径，地址栏中显示当前路径。

（22）在“计算机”的 D 盘窗口中，查看 Windows 7 已经注册的文件类型，并找到“JPG”类型。

（23）设置在“计算机”窗口中以“详细信息”方式查看图标时，详细信息只显示名称、类型和总大小。

（24）在“计算机”窗口中首先将图标按类型进行排列，然后再以“平铺”形式进行查看。

（25）在“计算机”窗口中搜索 D 盘中以 h 开头，共有 4 个字符的所有文件。

（26）利用“计算机”打开资源管理器，利用左侧的浏览栏打开 C:\Windows，然后将其折叠。

（27）在“计算机”窗口利用“文件夹选项”对话框，将文件夹选项“还原为默认值”。

（28）通过“计算机”打开资源管理器，利用左侧浏览栏在 D 盘创建名为“ZCKS”的文件夹。

（29）在“计算机”窗口中快速格式化可移动磁盘，并将 KS 作为磁盘卷标。

（30）打开“计算机”窗口，对 C 盘进行磁盘清理。

（31）通过“计算机”对 D 盘进行“共享”设置。

（32）通过“计算机”窗口对 D 盘进行“磁盘碎片整理”。

（33）使用窗口菜单关闭“计算机”窗口。

（34）在“计算机”窗口中对 E 盘进行“磁盘碎片整理”。

2．输入法。

（1）打开搜狗拼音输入法，更换皮肤为“软绵绵”。

（2）进行搜狗输入法的中英文切换，并打开软键盘。

（3）打开“文本服务和输入语言”对话框，将已安装的服务里搜狗拼音输入法删除。

（4）打开“文本服务和输入语言”对话框，将搜狗拼音输入法添加至已安装的服务列表中。

（5）新建一记事本文档，使用搜狗拼音输入法在该文档内添加一些特殊符号。

3．操作资源管理器。

（1）通过“开始”菜单打开资源管理器。

（2）在 E 盘根文件夹下，请利用窗口信息区创建一个新文件夹“联系电话”，并将其属性设置为“隐藏”。

（3）对磁盘 E 盘进行扫描并恢复坏扇区。

（4）选中“C:\Windows”文件夹下所有文件和文件夹。

（5）请在 C 盘根文件夹下创建一个公文包。

（6）设置“文件夹选项”，使鼠标“通过双击打开项目（单击时选定）”。

（7）用鼠标拖动的方法将“考试大纲.txt”文件删除。

（8）通过搜索查找 C 盘中上星期修改的文件。

（9）对“文件夹选项”进行相应设置，使地址栏中显示完整路径。

（10）选中“C:\Windows”文件夹下除“clock”文件以外的所有文件和文件夹。

（11）设置回收站属性不显示删除确认对话框。

（12）在“资源管理器”窗口中以“详细信息”显示图标。

（13）设置“文件夹选项”对话框，显示出计算机中隐藏的文件和文件夹。

（14）设置“文件夹选项”对话框，使用户浏览文件夹时，在不同窗口中打开不同的文件夹。

（15）在资源管理器的 F 盘根目录下创建名为“考试”的文件夹。

（16）在 F 盘“考试”文件夹中创建“XX.doc”文件和“123.jpg”文件。

（17）在 F 盘“考试”文件夹中创建“试题.doc”文件和“名单.xls”文件。

（18）在 F 盘根目录下创建“学习.doc”文件和“制度.txt”文件。

（19）删除文件夹“F:\考试”下的文件“试题.doc”，使其进入回收站。

（20）将 F 盘“考试”文件夹中的文件“XX.doc”重命名为“学习.doc”。

（21）将 F 盘“考试”文件夹中“学习.doc”文件的属性设置为只读。

（22）删除文件夹“F:\考试”下的文件“123.jpg”，使其进入回收站。

（23）将“F:\考试\名单.xls”文件发送到“我的文档”。

（24）将回收站中的“123.jpg”文件删除。

（25）将回收站中的“试题.doc”文件还原。

（26）选择 F 盘中除“考试”文件夹以外的所有文件和文件夹。[反选]

（27）将“F:\考试”文件夹下的文件“试题.doc”复制到 F 盘根目录（不允许使用鼠标直接拖曳方式）。

（28）将文件“F:\试题.doc”移动到“F:\考试”文件夹中。

（29）先将资源管理器中的图标按“详细信息”显示，然后按文件“大小”排列。

（30）将 F 盘根目录下的文件“制度.doc”设置为隐藏属性。

（31）将 F 盘“考试”文件夹设置为共享文件夹。

（32）将“考试”文件夹发送到可移动磁盘。

（33）设置 F 盘“考试”文件夹的属性为“只读”，并同时应用于所有子文件夹和文件。

（34）搜索 D 盘中的所有隐藏文件和文件夹。

（35）利用“本地磁盘（E:）属性”对话框为 E 盘加卷标“数据盘”。

（36）将 F 盘的“考试”文件夹中的 2 个 Word 文档压缩，然后重命名为“学习.rar”。

（37）在 C 盘上搜索文件“NOTEPAD.EXE”。

（38）在 C 盘根目录下创建名为“打字.txt”的文本文档。

（39）将.dll 类型文件的打开方式设置为“记事本”。

（40）在桌面上创建一个名为“已收文件”的文件夹，然后更名为“已发文件”。

（41）在 C 盘上搜索前三个字符为“off”的文件和文件夹。

（42）在我的文档中新建一个图像文件“美丽的城市.BMP”。

4．记事本与写字板。

（1）打开“写字板”窗口，并输入特殊符号“§☆●→〓”，然后保存到 C 盘根目录中，其名称为“特殊符号”。

（2）打开“写字板”窗口，请在光标所在位置插入系统时间，格式为“星期六 2016 年 5 月 28 日”，然后将文档以文本类型保存在 C 盘中，文件名为“date.txt”。

（3）打开“写字板”窗口，在写字板文件中输入文本“祝你考试成功！”，然后保存在 C 盘下，名称为“考试”。

（4）在“考试”文件中另起一行，追加输入“星期一考语文，星期三考数学，星期五考外语”。

（5）将当前“写字板”窗口中的标题文本设置为 16 号、粗体、红色，要求使用菜单命令。

（6）在当前写字板程序中设置度量单位为“厘米”且文字按窗口自动换行。

（7）通过工具栏将当前“写字板”窗口中的标题文本设置为楷体、24 号字。

（8）在当前写字板中通过对话框设置第一段的首行缩进值为 0.74 厘米。

（9）设置当前写字板文档的纸张大小为 B5（ISO）横向。

（10）将当前写字板中所有的文本“考”替换为“烤”。

（11）利用“开始”菜单打开“写字板”窗口，然后调出标尺。

（12）打开“写字板”窗口，请利用窗口菜单查看写字板的“最终用户许可协议”。

（13）请在打开的“写字板”窗口中输入全角英文小写字母 ａｂｃｄｅｆ。

（14）请在当前写字板中先后输入中文句号“。”和英文句号“.”。

（15）通过“附件”菜单打开“写字板”窗口，然后新建一个文本文档。

（16）在“写字板”窗口中用全拼输入法输入特殊符号“№”，用键盘输入“$”，然后存为“c:\tsfh.txt”。

（17）打开“记事本”窗口，输入数字序号“①②”。

（18）利用记事本新建一个文本文档，内容为“努力拼搏，考试成功！”，保存在“E:\”，文件名为“KS.txt”。

（19）打开“记事本”窗口，输入数学符号“×÷”。

（20）请使用全拼输入法在“记事本”窗口中输入数学符号“∴≌”。

（21）利用“屏幕键盘”在“记事本”窗口中输入“A book.”，然后将该文件保存到“E:\LX1.txt”。

（22）请在打开的“记事本”窗口中，将打印纸张的大小设置为 A4 纸，打印方向设置为“横向”。

（23）设置记事本文本自动换行。

（24）通过记事本新建一个文本文档，然后输入内容“学习电脑，重在上机操作。本课程考试也是上机的形式”，保存在 C 盘中，文件名为“学习.txt”。

（25）利用“屏幕键盘”在“记事本”窗口中输入“study hard.”，然后将该文件保存到 D 盘中，文件名为“学习.txt”。

（26）打开 C 盘的“学习.txt”，使用组合键，快速将插入点移动到文本的最后。

（27）打开 C 盘的“学习.txt”，用“查找”命令，查找第一个“上机”出现的位置，然后关闭对话框。

（28）打开 C 盘的“学习.txt”，移动记事本正文中的最后一句到第一句后。

5．附件中的其他程序。

（1）通过“开始”菜单打开“画图”窗口。

（2）将当前屏幕复制到剪贴板，然后启动画图程序将其粘贴。

（3）将当前“画图”窗口中的图形进行水平翻转。

（4）在画图程序中使图片旋转 270°，图片设置为 1024 像素×768 像素。

（5）在画图程序中设置图片以黑白方式显示。

（6）在画图程序中选中一部分图像，将选中的图像垂直扭曲 15°。

（7）在画图程序中设置打印纸张为 A4，打印方向为横向，并设置打印在 1 页纸张上。

（8）利用“画图”窗口的标题栏将窗口最大化，然后将图片设置为墙纸（平铺），最后关闭窗口。

（9）利用“运行”菜单进入 E 盘根目录。

（10）通过“运行”对话框打开“剪贴板查看器”（clipbrd.exe）。

（11）利用“开始”菜单的“运行”命令，启动写字板应用程序，该应用程序的位置为“C:\Windows\system32\write.exe”。

（12）已知画图程序的路径是“C:\Windows\system32\Mspaint.exe”，请通过“开始”菜单的“运行”命令打开该程序。

（13）在“画图”窗口中央画一个圆形，并填充为红色。

（14）在当前“画图”窗口左上方画一个圆角矩形，然后利用菜单将其删除。

（15）在当前窗口右侧插入文字“欢迎你”。将输入的文字设置为隶书、14 磅，颜色为红色。

（16）设置画图程序中的图片反色显示。

（17）在画图程序中使用大尺寸查看，并显示网格线和缩略图。

（18）在“画图”窗口中，将当前图形进行水平拉伸 120%，垂直扭曲 10°。

（19）将画图程序的画布宽度设置为 300，高度设置为 500。

（20）通过窗口菜单关闭当前“画图”窗口。

（21）启动放大镜程序，并设置放大倍数为 3 倍。

（22）设置放大镜的跟踪方式为跟随鼠标指针，然后退出放大镜。

（23）通过“附件”菜单打开录音机程序。

（24）打开“计算器”窗口，将十进制数字“123”转换为二进制。

（25）利用计算器程序将十六进制的 AF 转换为二进制。

（26）请打开计算器应用程序，利用科学型模式计算 6 的 5 次方。

（27）计算八进制数 324 减 123 的值，再将结果转换为十进制。

（28）计算 tan30°的值。

（29）打开命令提示符窗口，将窗口字体调整为 10×20 大小，屏幕文字为红色。

（30）通过“开始”菜单打开屏幕键盘应用程序。

## 学习项目三 计算机管理

### 一、填空题

1．计算机用户可以设置不同的________来改变系统的整体外观。

2．用户在设置计算机分辨率时可以将“颜色质量”设置为“最高________”来保证显示质量。

3．在设置桌面背景时，如果图片尺寸与分辨率不同，可以在“桌面”选项卡中通过选择“位置”下拉列表框中的________、________、________、________、________选项来改变背景的显示效果。

4．新创建计算机账户可以选择________和________两种类型。

5．应用软件一般采用________、________、________3 种安装方式。

### 二、选择题

1．当用户长时间不使用计算机时，显示器的屏幕长时间显示不变的画面会使屏幕发光器件疲劳变色甚至烧毁，最终使屏幕某个区域偏色或变暗，为了防止这种情况发生，应该设置（　　）。

A．分辨率　　B．主题　　C．屏幕保护程序　　D．桌面

2．当多个用户使用同一台计算机时，出于安全的考虑，应该创建不同的（　　）的计算机用户。

A．权限相同　　B．限制权限

C．系统管理员权限　　D．最少权限

3．在 Windows 7 中，同时按下组合键（　　）打开任务管理器。

A．Ctrl+Alt+Delete　　B．Ctrl+Space

C．Ctrl+Shift+Esc　　D．Ctrl+S

4．计算机用户可以通过（　　）结束无法响应的应用程序。

A．任务管理器　　B．控制面板

C．添加或删除程序　　D．管理工具

5．对于访问注册表的程序，卸载时可以使用系统自带的卸载程序或通过控制面板中的（　　）功能进行卸载。

A．任务管理器　　B．控制面板　　C．添加或删除程序　　D．资源管理器

6．通过计算机任务管理器可以查看计算机上安装的总物理内存，其中“可用”数表示物理内存中可被程序使用的（　　）。

A．内存总量　　B．空余量　　C．系统缓存　　D．峰值

7．“联网”选项卡显示了本地计算机所连接的网络通信量的指示，使用多个网络连接时，我们可以在这里比较每个连接的（　　）。

A．物理地址　　B．访问次数　　C．内存量　　D．通信量

三、判断题

1．设置计算机桌面时为了保证桌面图片不失真，最好选择一张与屏幕分辨率相同尺寸的背景图片。（　　）

2．在计算机账户中，计算机管理员拥有最高权限，一台计算机只能有一个计算机管理员权限的账户。（　　）

3．新建计算机账户必须设置密码。（　　）

4．计算机账户类型一旦选择将不允许更改。（　　）

5．绿色软件不会在注册表中留下注册表键值，此类软件最大的特点是软件无须安装便可使用。（　　）

6．在任务管理器中选择某一进程，单击“结束进程”按钮即可将其强行终止，进程会自动进行数据保存。（　　）

7．为了使用网络打印机，需要将该打印机设置为默认打印机。（　　）

# 学习项目四　大　数　据

## 一、选择题

1．大数据主要处理的是（　　）的数据。

A．结构化　　B．非结构化

C．半结构化　　D．所有类型

2．大数据的四个关键特征是（　　）。

A．数据量大、数据速度快、数据多样性、数据真实性

B．数据存储大、数据处理快、数据分析准确、数据可视化

C．数据源众多、数据分布式存储、数据挖掘技术、数据安全性

D．数据采集快、数据处理深、数据应用广、数据效果好

3．下列不属于大数据的三个基本要素的是（　　）。

A．海量数据　　B．复杂性　　C．数据密度　　D．高速性

4．下列关于 Hadoop 的阐述，正确的是（　　）。

A．是一个分布式数据库与并行计算系统

B．是一个分布式存储系统与分布式数据库

C．是一个集中式存储与分布式并行运算系统

D．是一个分布式存储与分布式并行运算系统

5．大数据存储的主要技术是（　　）。

A．数据仓库　　B．数据库　　C．分布式文件系统　　D．缓存技术

二、填空题

1．IBM提出，大数据具有“5V”特征，比“4V”多了一个________特征。

2．大数据开发的过程大致分为大数据采集、大数据预处理、大数据存储与管理、大数据分析与挖掘、________共5个阶段。

3．大数据采集通常使用ELT技术、用来描述将数据从来源端经过抽取、________、加载至目的端的过程。

4．NoSQL数据库具有非常高的读写性能，尤其在大数据量下同样表现优秀，而这得益于它的________和简单的结构。

5．Pig是一个基于Hadoop的大规模数据分析平台，它提供的________叫作Pig Latin。

三、简答题

1．写出大数据特征的5个V。

2．信息科技为大数据时代提供技术支撑有哪些？

# 学习项目五　人 工 智 能

一、选择题

1．人工智能的三大核心要素是（　　）。

A．数据、算法、计算力　　B．感知、认知、行动

C．机器学习、深度学习、强化学习　　D．规则、模型、优化

2．在机器学习中，过拟合是指（　　）。

A．模型在训练集上表现很好，但在测试集上表现很差

B．模型在训练集和测试集上表现都很好

C．模型无法收敛到最优解

D．模型参数过多导致计算复杂

3．深度学习是机器学习的一个子集，它主要依赖于（　　）。

A．决策树　　B．神经网络　　C．支持向量机　　D．朴素贝叶斯

4．（　　）是强化学习的核心要素。

A．状态、动作、奖励　　B．数据、模型、预测

C．感知、规划、执行　　D．监督、非监督、半监督

5．下列关于人工智能的说法中错误的是（　　）。

A．人工智能是一门使机器做那些人需要通过智能来做的事情的学科

B．人工智能主要研究知识的表示、知识的获取和知识的运用

C．人工智能是研究机器如何像人一样合理思考、像人一样合理行动的学科

D．人工智能是研究机器如何思维的一门学科

## 二、填空题

1．在人工智能领域，__________是指能够模拟、延伸和扩展人类智能的理论、方法、技术及应用系统的一门新的技术科学。

2．__________是一种通过让模型自动地从数据中学习规律，并用这些规律进行预测或决策的算法。

3．在深度学习中，常用的优化算法有梯度下降法、__________和 Adam 等。

4．在强化学习中，智能体通过与环境的交互来学习策略，其中环境给出的是__________信号。

5．在进行人工智能训练时，数据的__________和__________是非常重要的。

## 三、简答题

1．人工智能的英文缩写是什么？

2．人工智能的定义是什么？

3．人工智能和机器学习有什么不同？

4．人工智能的应用领域有哪些？

5．人工智能使用哪些技术？

6．人工智能的三个层次是什么？

# 学习项目六 区 块 链

## 一、选择题

1．区块链 2.0 时期的代表技术应该是（ ）。

A．数字货币　　B．数字货币与智能合约相结合

C．超级账本 Fabric　　D．中心存储

2．超级账本 Fabric（Hyperledger Fabric，HF）是由（ ）于 2015 年创建的开源分布式账本平台。

A．万维网联盟（W3C）　　B．贝尔实验室

C．Linux 基金会　　D．国际计算机学会（ACM）

3．相对于区块链 1.0 模式，2.0 模式中最大的升级之处在于植入了（ ）。

A．密码技术　　B．人工智能技术

C．大数据技术　　D．智能合约技术

4．（ ）是在区块链 2.0 阶段融合的一种新兴工具，其定义为一套以数字形式定义的承诺，包括合约参与方可以在合约中执行承诺的协议。

A．分布式账本　　B．密码算法

C．智能合约　　D．共识机制

## 二、填空题

1．作为一种新兴技术，区块链是__________、__________、__________、__________等计算机技术在互联网时代的创新应用模式，被认为是继大型机、个人计算机、互联网之后计算模式的颠覆式创新。

2．从应用角度来看，区块链在__________、__________、__________、__________有着关键和基础的作用。

3．区域链拥有诸多特性，包括__________、__________、__________、__________和__________。

## 三、简答题

1．什么是区块链？
2．区块链具有哪些特性？
3．简要描述区块链分类？

# 学习项目七　文字处理软件 Word 应用

## 套题 1:

1．请完成指定文档的文字编辑。
（1）在 Word 2010 中新建一个空白文档。
（2）将文件“中国古代四大发明.txt”中的内容插入新建文档中。
（3）将文件内容中的所有“十大发明”一词替换为“四大发明”。
（4）将文件内容中的最后一个自然段移至第一自然段之前。
（5）参照样张，设置第一行文字格式为华文新魏、一号、深蓝色、居中对齐。设置第二行至最后一行文字为小四、蓝色，其中中文字体为隶书，西文字体为 Times New Roman。
（6）参照样张，设置第二行至最后一行所有文字的段落格式为：首行缩进 2 字符，段前、段后间距均为 0 行，行距为单倍行距。
（7）参照样张，设置文章标题“中国古代四大发明简介”字符间距加宽 5 磅。
（8）参照样张，将文章正文中“四大发明”一词加上着重号。
（9）设置允许行首标点压缩。
（10）将文件保存为“中国古代四大发明.docx”。
（11）套题 1-1 样张效果如图 1 所示。
2．请完成文档的格式设置。
（1）在 Word 2010 中打开“搜索网上信息.docx”文档。
（2）参照样张，设置页面大小为 A5（14.8 厘米×21 厘米）。
（3）参照样张，设置页面主题为凸显。
（4）参照样张，设置页面水印文字为“搜索网上信息”，颜色为浅蓝色，字体为隶书。

（5）参照样张，设置第一行文字“搜索网上信息”样式为标题 2，文字为居中对齐、幼圆、蓝色。

（6）参照样张，在第一行文字“搜索网上信息”后插入脚注“摘自 Internet 实用教程”。

（7）参照样张，设置正文第一段首字下沉 2 行。

（8）参照样张，设置相应文字的项目符号为“◆”。

（9）参照样张，设置页眉为“搜索网上信息”，字体颜色为橙色，右对齐。

（10）参照样张，在正文底部插入日期和时间，右对齐。

（11）参照样张，设置正文第二段底纹颜色为金色，强调文字颜色 4，正文第三段采用橙色阴影边框，宽度为 3 磅。

（12）保存文件。

中国古代四大发明简介

中国古代的科学技术，自然不能不说古代的四大发明，指南针、造纸术、印刷术、火药，四大发明不仅仅是中国古代科学技术繁荣的标志和中国人民聪明智慧的体现。更重要的是它在一定程度上改变了人类近代文明的进程。换句话说，如果没有中国古代的四大发明，也许人类社会不是今天这个样子。这可不是中国人的自吹自擂，因为世界史学界一致认为，中国的四大发明，通过阿拉伯人传到欧洲之后，给欧洲人的社会产生巨大影响，从而影响了人类的整个进程。对此，马克思曾经这样高度评价，这是预告资产阶级社会到来的三大发明，他少说了一项。火药把骑士阶层炸得粉碎，指南针产生了殖民地，印刷术变成了宣扬新教的工具。总的说来，变成了科学复兴的手段。

一个是火药，火药是我们发明的。火药给我们带来什么东西呢？带来了我们的礼花，带来了我们的鞭炮。到今天为止火药在我们的历史上发挥过巨大的作用。通过阿拉伯传到欧洲之后，欧洲人利用火药技术制造了大炮，这就是 1840 年第一次鸦片战争和 1860 年的第二次鸦片战争，以及甲午战争和 1900 年的八国联军进北京，用中国的火药烧了中国的圆明园。帝国腐朽了，文明衰落了，五千年文明的中华民族发明了火药，却没有用自己的火药制造出强大威力的洋枪洋炮，只能用自己的血肉之躯抵抗洋人的进攻，任凭他们的铁蹄践踏中国的国土，我们不得不割地赔款，丧权辱国。

指南针，我们的郑和用指南针七下西洋，开拓了中化民族文化进军世界的先河。他们是传教士，中国人历来是善良的，我们下西洋不是为了掠夺，不是为了抢劫。但是我们的发明一旦被他们所利用，他们就造出了新的、更加灵巧的指南针，闯入我们的领海，打开了我们的国门，把大批的鸦片潜入到我们的民族之中，使我们的民族成为“东亚病夫”。

我们的印刷术，印刷术和造纸术是中国伟大的发明。传到了欧洲以后，几百年以后造福于社会，中华民族熊熊的火炬照亮了西方黑暗的中世纪，他们确实是受益匪浅。他们的科技发达了，文艺复兴了，但是今天我们的造纸术又如何呢？我们的印刷术又如何呢？我们公司有一位对印刷比较精通的副总经理，他每天设计我们公司的产品，我国最好的印刷机叫“海德宝”，是我们发明的活字印刷术，最好的纸张是人家的，便宜、质量好。要什么纸？要二八铜版。要什么的？要进口的。纸张是我们发明的，但最好的机器都在人家手里，我们需要花多少钱？甚至现在连最好的油墨也是进口的，这应该引起我们的反思。

现在我们回顾一下四大发明给我们带来了什么？确实给中华民族带来永久的载入史册的荣耀。我们不得不承认，即使我们有了很多原始性的创新，也往往因为不能精益求精，发展迟缓，错过了时机，不能得到进一步的发展与大规模的产业化失之交臂。比如说中国人早就发明了阴阳八卦，但是没有由此引申发明出二进制技术法，计算机是由外国人发明的。郑和提出的“冷不自生”，这可谓是前无古人的创造性见解，非常了不起。

图 1　套题 1-1 样张效果

（13）套题 1-2 样张效果如图 2 所示。

搜索网上信息

■ **搜索网上信息**[1]

人类已经到了离开信息不能活的地步。数据大爆炸，按照达尔文生物进化论，人类的信息吸收、筛选和处理的能力应该也会进化。人们对信息的需求并不会退化，反而会更加饥渴。而搜索引擎需要解决的问题，不再是帮助人们从海量信息里面找到结果。而是，在海量结果里面找到唯一。快速找到准确的答案比找到更多的答案更重要。

由于文化的不同，由于需求的不同，用户一旦选择了自己喜爱的搜索引擎，就会成为一种习惯。当“注意力”转化成“习惯”以后，用户的习惯可以决定一家网站的兴衰，对于搜索引擎来说尤其如此。

本章着重介绍利用搜索引擎搜索信息的方法及搜索技巧。

学习目标

◆ 什么是搜索引擎
◆ 常用的搜索引擎
◆ 常规搜索案例
◆ 搜索图片及音乐
◆ 搜索酒店信息
◆ 搜索引擎的使用技巧
◆ 典型搜索引擎推荐

2022 年 1 月 20 日星期四

[1] 摘自 Internet 实用教程

图 2　套题 1-2 样张效果

3．请完成文档中图文的编辑排版任务。

（1）在 Word 2010 中打开“丽江古城简介.docx”文档。

（2）参照样张，插入样式为第四行第二列的艺术字：丽江古城简介。

（3）参照样张，设置艺术字文本为中部对齐，自动换行为上下型环绕，移至适当位置。

（4）参照样张，设置艺术字高度相对值为 1.9 厘米，宽度相对值为 8.6 厘米。

（5）参照样张，设置艺术字文本轮廓为橙色，强调文字颜色 6，文本效果为居中偏移。

（6）参照样张，插入两个高度为 1.6 厘米、宽度为 1.8 厘米的“右箭头”。

（7）设置所有形状自动换行为穿越型环绕。参照样张，调整形状位置。

（8）参照样张，设置所有形状填充为黄色，形状轮廓为蓝色、粗细 3 磅，形状效果为居中偏移。

（9）参照样张，分别添加数字：1、2。设置字体为黑体、小四、红色、加粗。

（10）设置所有形状左对齐。

（11）参照样张，在文档中插入图片“丽江古城.jpg”。

（12）设置图片为自动换行、紧密型环绕。

（13）设置图片高度为 5.2 厘米，宽度为 8.72 厘米。

（14）设置图片样式：剪裁对角线，白色。

（15）参照样张，调整图片的位置，水平绝对位置为 5.8 厘米，垂直绝对位置为 2 厘米。

（16）保存文件。

（17）套题 1-3 样张效果如图 3 所示。

4．请完成文档中表格操作的任务。

（1）在 Word 2010 中打开“职工收入表.docx”文档。

（2）参照样张，将第二行到最后一行的文字转换成表格。

（3）参照样张，在表格最右侧插入一空列，在插入的空列第一行单元格中输入文字“月收入”；在表格最后插入一空行，在新插入行的第一个单元格中输入文字“平均收入”。

（4）参照样张，在表格最后一列中计算各位职工的月收入，在表格最后一行中计算各项的平均收入。

（5）参照样张，设置表格第一列到第二列宽度为 3.2 厘米；第三列至第五列宽度为 2.6 厘米，所有单元格高度为 0.6 厘米。

（6）参照样张，对各位职工依据月收入进行升序排序；如果月收入相同，则以基本工资按升序排序。

（7）参照样张，设置表格样式：中等深浅网格 3-强调文字颜色 5。

（8）参照样张，设置表格中的第一行、第一列的文字居中对齐。

（9）参照样张，设置表格在页面居中对齐。

（10）保存文件。

# 丽江古城简介

## 概况

丽江地处横断山脉三江并流区域，地形地貌复杂、山川壮丽，民族众多。丽江古城，是国家级历史文化名城，具有 800 余年历史，是我国保存最为完整，最具纳西族风格的古代城镇，1997 年被联合国教科文组织列入“世界文化遗产”名录。

整个丽江市位于金沙江中游，有百余处风景点，最具代表性的有：二山、一城、一江、一湖、一文化、一风情。“二山”即玉龙雪山和老君山。玉龙雪山是距赤道最近的现代冰川，13 座雪峰一字排开，宛如利剑直插云霄，有著名的阳春白雪、绿雪冰川奇观。老君山因传说太上老君曾在此炼丹而得名，被历代史学家称为“滇省众山之祖”。以杜鹃王国、丹霞地貌以及 99 个龙潭等景观闻名于世。“一城”即著名的丽江古城。“一江”是以惊险雄奇的虎跳峡景观为代表的金沙江，有“长江第一湾”等景点。“一湖”即被誉为“高原明珠”的泸沽湖风景名胜区。“一文化”即纳西东巴文化，包括世界上“唯一活着的象形文字”——东巴文、蜚声中外的纳西古乐和东巴绘画以及独特的建筑艺术和宗教文化。“一风情”即泸沽湖“女儿国”摩梭人风情。其婚姻家庭仍保存着“男不娶、女不嫁”的走婚习俗，为人类母系社会婚姻形态的最后领地，被称为“人类母系文化最后一片净土”。

丽江孕育了丰富多彩、神奇灿烂民族文化，有众多的特有节日，如纳西族的正月十五棒棒节、三朵节，彝族的火把节，傈僳族的阔时节，普米族的吾昔节，摩梭人的转山节和他留人的粑粑节等，各民族在语言文字、神话传说等方面都保留了自己独特的个性和多姿多彩的风格。丽江被誉为国际精品旅游胜地。

丽江，由于其特殊的地理位置，境内兼具亚热、温、寒带三种气候、气温偏低，昼夜温差很大，年平均气温在 12.6℃～19.8℃。

注意事项

1 选择出行季节是非常重要的，但无论何时去丽江，都应该准备好各种衣物，因为其典型的高原气候，昼夜温差较大。

2 冬天去丽江，可以观看高原雪景，但要是遇上下雪天，可能会给交通带来很大困难，所以应提前安排好出游的景点，避免选择路况较危险的景点。

图 3　套题 1-3 样张效果

（11）套题 1-4 样张效果如图 4 所示。

职工收入表

| 职工姓名 | 基本工资 | 奖金 | 津贴 | 月收入 |
|---|---|---|---|---|
| 陈旭旭 | 820 | 800 | 690 | 2310 |
| 魏丽华 | 870 | 760 | 750 | 2380 |
| 张林 | 890 | 810 | 750 | 2450 |
| 刘丰硕 | 900 | 770 | 810 | 2480 |
| 蔡源源 | 900 | 800 | 810 | 2510 |
| 杨媛媛 | 1077 | 800 | 690 | 2567 |
| 王豪 | 1077 | 690 | 810 | 2577 |
| 闫加 | 920 | 970 | 690 | 2580 |
| 金婷婷 | 1074 | 750 | 770 | 2594 |
| 杨宠 | 1074 | 750 | 770 | 2594 |
| 李立丽 | 890 | 820 | 970 | 2680 |
| 李红娇 | 1178 | 770 | 750 | 2698 |
| 周悦 | 980 | 770 | 970 | 2720 |
| 李小光 | 1300 | 810 | 690 | 2800 |
| 张颖建 | 1178 | 800 | 870 | 2848 |
| 王立妍 | 1300 | 900 | 810 | 3010 |
| 李劲 | 1500 | 800 | 970 | 3270 |
| 张小楠 | 1500 | 810 | 970 | 3280 |
| 崔航 | 2000 | 900 | 750 | 3650 |
| 于亮亮 | 2000 | 970 | 810 | 3780 |
| 张大伟 | 2180 | 830 | 810 | 3820 |
| 闫万方 | 2174 | 970 | 770 | 3914 |
| 李健 | 2000 | 1500 | 690 | 4190 |
| 张晓点 | 2374 | 846 | 970 | 4190 |
| 景鑫鑫 | 2174 | 1500 | 970 | 4644 |
| 董红霞 | 2180 | 2000 | 820 | 5000 |
| 秦喆 | 2374 | 2000 | 860 | 5234 |
| 平均收入 | 1440.15 | 959.11 | 814.44 | 3213.7 |

图 4　套题 1-4 样张效果

5．请完成文档的编辑排版工作。

（1）在 Word 2010 中打开“计算机的特点.docx”文档。

（2）参照样张，在文中插入 SmartArt 图形：分离射线。

（3）编辑 SmartArt 图形中的形状和文体。

（4）使用 SmartArt 样式“卡通”修饰该 SmartArt 图形。

（5）使用“彩色范围，强调文字颜色 5 至 6”设置该 SmartArt 图形颜色。

（6）使用艺术字样式“填充-白色”，投影修饰该 SmartArt 图形中的文字。

（7）设置该 SmartArt 图形的自动换行为：四周型环绕。
（8）设置该 SmartArt 图形的高度为 6.8 厘米，宽度为 7.2 厘米。
（9）参照样张，调整该该 SmartArt 图形的位置。
（10）保存文件。
（11）套题 1-5 样张效果如图 5 所示。

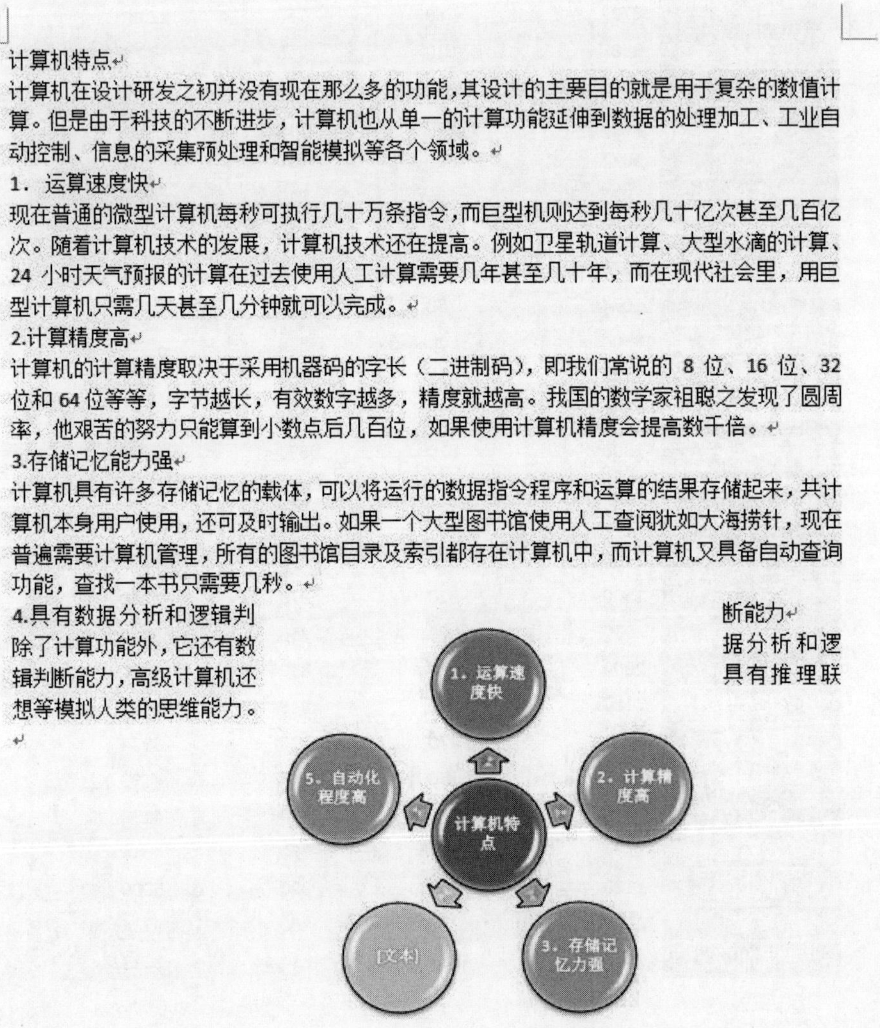
计算机特点
计算机在设计研发之初并没有现在那么多的功能，其设计的主要目的就是用于复杂的数值计算。但是由于科技的不断进步，计算机也从单一的计算功能延伸到数据的处理加工、工业自动控制、信息的采集预处理和智能模拟等各个领域。
1．运算速度快
现在普通的微型计算机每秒可执行几十万条指令，而巨型机则达到每秒几十亿次甚至几百亿次。随着计算机技术的发展，计算机技术还在提高。例如卫星轨道计算、大型水滴的计算、24 小时天气预报的计算在过去使用人工计算需要几年甚至几十年，而在现代社会里，用巨型计算机只需几天甚至几分钟就可以完成。
2.计算精度高
计算机的计算精度取决于采用机器码的字长（二进制码），即我们常说的 8 位、16 位、32 位和 64 位等等，字节越长，有效数字越多，精度就越高。我国的数学家祖聪之发现了圆周率，他艰苦的努力只能算到小数点后几百位，如果使用计算机精度会提高数千倍。
3.存储记忆能力强
计算机具有许多存储记忆的载体，可以将运行的数据指令程序和运算的结果存储起来，共计算机本身用户使用，还可及时输出。如果一个大型图书馆使用人工查阅犹如大海捞针，现在普遍需要计算机管理，所有的图书馆目录及索引都存在计算机中，而计算机又具备自动查询功能，查找一本书只需要几秒。
4.具有数据分析和逻辑判断能力
除了计算功能外，它还有数据分析和逻辑判断能力，高级计算机还具有推理联想等模拟人类的思维能力。


图 5　套题 1-5 样张效果

## 套题 2：

1．请完成指定文档的文字编辑。
（1）在 Word 2010 中新建一个空白文档。
（2）将文件“智能家居简介.txt”中的内容插入新建文档中。

（3）将文件内容中的所有“智能家具”一词替换为“智能家居”。

（4）将文件内容中的最后一个自然段移至第一自然段之后。

（5）参照样张，设置第一行文字格式为华文楷体、一号、绿色、加粗、居中对齐。设置第二行至最后一行为小四、蓝色，其中中文字体为微软雅黑，西文字体为 Times New Roman。

（6）参照样张，设置第 2 行至最后一行所有文字的段落格式为：首行缩进 2 字符，段前、段后间距均为 0.5 行，行距为固定值 22 磅。

（7）参照样张，设置文章标题“智能家居简介”字符间距加宽 6 磅。

（8）参照样张，将文章正文中“智能家居”一词加上着重号。

（9）设置允许行首标点压缩。

（10）将文件保存为“智能家居简介.docx”。

（11）套题 2-1 样张效果如图 1 所示。

智 能 家 居 简 介

智能家居是人们的一种居住环境，其以住宅为平台安装有智能家居系统，实现家庭生活更加安全，节能，智能，便利和舒适。以住宅为平台，利用综合布线技术、网络通信技术、智能家居系统设计方案安全防范技术、自动控制技术、音视频技术将家居生活有关的设施集成，构建高效的住宅设施与家庭日程事务的管理系统，提升家居安全性、便利性、舒适性、艺术性，并实现环保节能的居住环境。

又称智能住宅，在国外常用 Smart Home 表示。与智能家居含义近似的有家庭自动化（Home Automation）、电子家庭（Electronic Home、E-home）、数字家园(Digital Family)、家庭网络(Home Net/Networks For Home)、网络家居(Network Home)、智能家庭建筑（Intelligent Home/building）、在我国香港和台湾等地区，还有数码家庭、数码家居等称法。

智能家居系统让您轻松享受生活。出门在外，您可以通过电话、电脑来远程遥控您的家居各智能系统，例如在回家的路上提前打开家中的空调和热水器；到家开门时，借助门磁或红外传感器，系统会自动打开过道灯，同时打开电子门锁，安防撤防，开启家中的照明灯具和窗帘迎接您的归来；回到家里，使用遥控器您可以方便地控制房间内各种电器设备，可以通过智能化照明系统选择预设的灯光场景，读书时营造书房舒适的安静；卧室里营造浪漫灯光氛围......这一切，主人都可以安坐在沙发上从容操作，一个控制器可以遥控家里的一切，比如拉窗帘，给浴池放水并自动加热调节水温，调整窗帘、灯光、音响的状态；厨房配有可视电话，您可以一边做饭，一边接打电话或查看门口的来访者；在公司上班时，家里的情况还可以显示在办公室的电脑或手机上，随时查看；门口机具有拍照留影功能，家中无人时如果有来访者，系统会拍下照片供您回来查询。

图 1　套题 2-1 样张效果

2．请完成文档的编辑、美化设置。

（1）在 Word 2010 中打开“浏览网上信息.docx”文档。

（2）参照样张，设置页面大小为 16 开（18.4 厘米×26 厘米）。

（3）参照样张，设置页面主题为波形。

（4）参照样张，设置页面水印文字为“浏览网上信息”，颜色为红色，字体为宋体。

（5）参照样张，设置第一行文字“浏览网上信息”样式为标题 2，文字为居中对齐、微软雅黑、蓝色。

（6）参照样张，在第一行文字“浏览网上信息”后插入脚注“摘自 Internet 实用教程”。

（7）参照样张，设置正文第一段首字下沉 3 行。

（8）参照样张，设置正文第二段底纹颜色为：绿色，强调文字颜色 3。正文第三段采用蓝色阴影边框，宽度为 1.5 磅。

（9）参照样张，设置相应文字的项目符号为“●”。

（10）参照样张，设置页眉为“浏览网上信息”，字体颜色为蓝色，右对齐。

（11）参照样张，在正文底部插入日期和时间，右对齐。

（12）保存文件。

（13）套题 2-2 样张效果如图 2 所示。

3．请完成文档中图文的编辑排版任务。

（1）在 Word 2010 中打开“北京故宫介绍.docx”文档。

（2）参照样张，插入样式为第五行第三列的艺术字：北京故宫介绍。

（3）参照样张，设置艺术字文本：中部对齐，自动换行为上下型环绕，移至适当位置。

（4）参照样张，设置艺术字高度为 2.4 厘米，宽度为 8.2 厘米。

（5）参照样张，设置艺术字文本轮廓为橙色。文本效果为阴影-右下斜偏移。

（6）参照样张，插入两个高度为 1.3 厘米、宽度为 4.5 厘米的“圆角矩形”。

（7）设置所有形状自动换行为四周型环绕。参照样张，调整形状位置。

（8）参照样张，设置所有形状填充：无色。形状轮廓：深红、粗细 3 磅。形状效果：阴影-右上斜偏移。

（9）参照样张，分别添加文字：建筑简介、主要建筑。设置文字为华文新魏、二号、蓝色、加粗。

（10）设置所有形状对齐边距。

（11）参照样张，在文档中插入图片“故宫.jpg”。

（12）设置图片自动换行为四周型环绕。

（13）设置图片高度为 6.1 厘米，宽度为 10.9 厘米。

（14）设置图片样式为棱台矩形。

（15）参照样张，调整图片的位置，图片底端居中。

（16）保存文件。

（17）套题 2-3 样张效果如图 3 所示。

浏览网上信息

# 浏览网上信息[1]

计算机网络从90年代起就已逐步进入家庭，各类企业、商家都利用互联网的优势来对产品进行推销、对新的服务进行介绍，各种各样的知识通过互联网传播到世界各地，这一历史性的变革将世界缩小成了一个“地球村”。所有的信息都是近在眼前，然而信息源却远在天边。每一天，数以万计的资料、图像、信息、网页以及服务都在不停的上载到互联网上，各种各样的互联网浏览软件也不断更新。本章主要基于上一版本的基础上，对浏览网上信息的最新发展情况做了详细介绍，让读者在学习完本章内容之后，对计算机网络社会的全新发展有了进一步了解。

网上能漫游的前提是你的计算机能够接入 Internet，其次就是要使用合适的浏览器。目前链接计算机与 Internet 的方式很多，最传统的方式是通过电话线，也叫做 DSL。通过这种方式链接到因特网上通常速度比较慢，在国际上使用的用户已经不是很多了。更常用的两类连接方式是宽带（cable Internet）和光纤（fiber optic）。浏览器有很多，目前常用浏览软件有 Internet Explorer(IE)，火狐狸（Firfox），苹果（Safari），搜狐浏览等。从用户角度讲，目前使用最频繁的浏览器是 Internet Explorer，简称 IE。它是微软推出的一种免费浏览器软件，在本教材的上一版中，对 IE7 显著性进行了具体介绍。

这一版本的重点转移到了 IE9 上。目前 IE9 是专为 Windows7 量身定制的浏览器，基于大部分学校使用的操作系统是 Win7，本章着重介绍 IE9 浏览器的使用。

学习目标

- Internet Explorer 简介
- 认识因特网
- 设置 IE9 网页浏览器
- 常规浏览案例
- 使用收藏夹
- 安全性浏览案例
- 高级使用技巧

2023年1月21日

[1] 摘自 Internet 实用教程。

图2 套题2-2样张效果

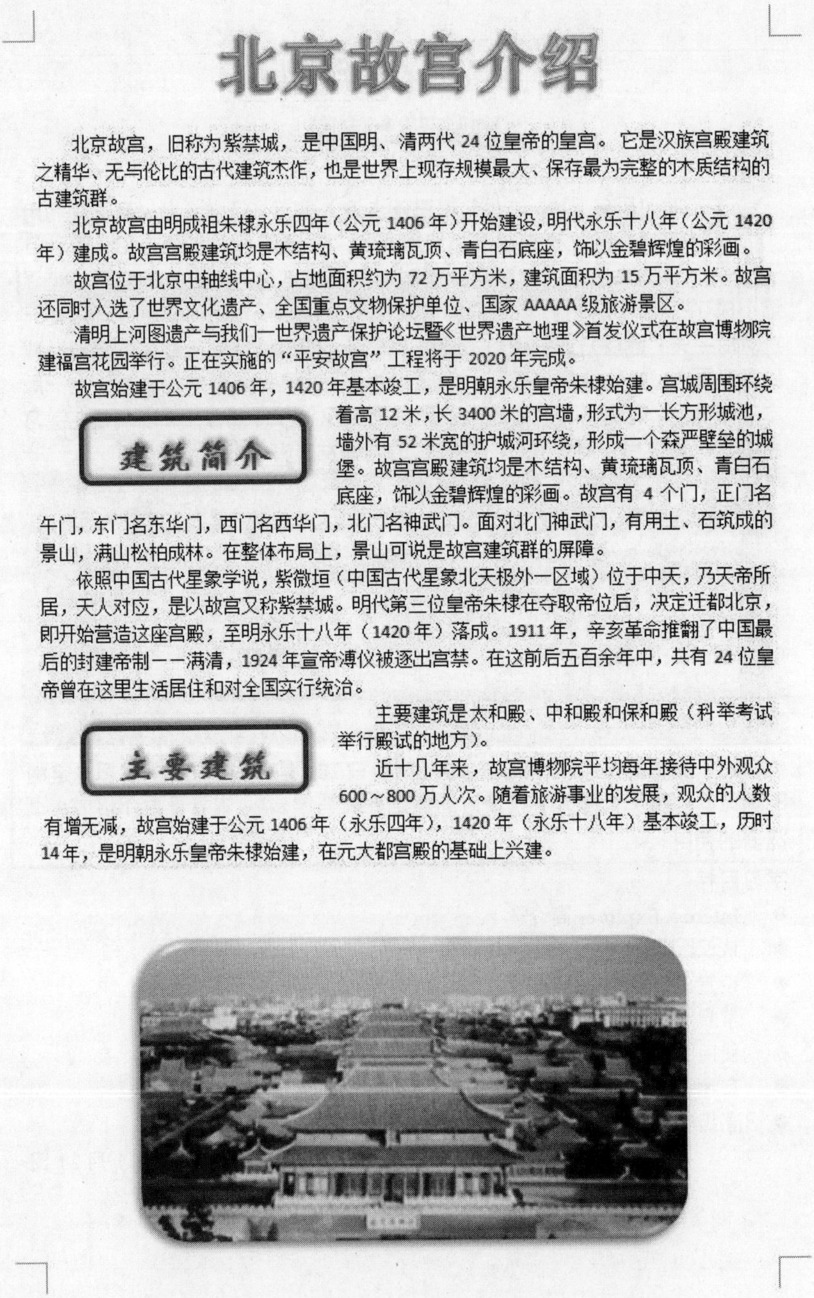

# 北京故宫介绍

北京故宫，旧称为紫禁城，是中国明、清两代 24 位皇帝的皇宫。它是汉族宫殿建筑之精华、无与伦比的古代建筑杰作，也是世界上现存规模最大、保存最为完整的木质结构的古建筑群。

北京故宫由明成祖朱棣永乐四年（公元 1406 年）开始建设，明代永乐十八年（公元 1420 年）建成。故宫宫殿建筑均是木结构、黄琉璃瓦顶、青白石底座，饰以金碧辉煌的彩画。

故宫位于北京中轴线中心，占地面积约为 72 万平方米，建筑面积为 15 万平方米。故宫还同时入选了世界文化遗产、全国重点文物保护单位、国家 AAAAA 级旅游景区。

清明上河图遗产与我们一世界遗产保护论坛暨《世界遗产地理》首发仪式在故宫博物院建福宫花园举行。正在实施的“平安故宫”工程将于 2020 年完成。

故宫始建于公元 1406 年，1420 年基本竣工，是明朝永乐皇帝朱棣始建。宫城周围环绕

**建筑简介**

着高 12 米，长 3400 米的宫墙，形式为一长方形城池，墙外有 52 米宽的护城河环绕，形成一个森严壁垒的城堡。故宫宫殿建筑均是木结构、黄琉璃瓦顶、青白石底座，饰以金碧辉煌的彩画。故宫有 4 个门，正门名午门，东门名东华门，西门名西华门，北门名神武门。面对北门神武门，有用土、石筑成的景山，满山松柏成林。在整体布局上，景山可说是故宫建筑群的屏障。

依照中国古代星象学说，紫微垣（中国古代星象北天极外一区域）位于中天，乃天帝所居，天人对应，是以故宫又称紫禁城。明代第三位皇帝朱棣在夺取帝位后，决定迁都北京，即开始营造这座宫殿，至明永乐十八年（1420 年）落成。1911 年，辛亥革命推翻了中国最后的封建帝制——满清，1924 年宣帝溥仪被逐出宫禁。在这前后五百余年中，共有 24 位皇帝曾在这里生活居住和对全国实行统治。

**主要建筑**

主要建筑是太和殿、中和殿和保和殿（科举考试举行殿试的地方）。

近十几年来，故宫博物院平均每年接待中外观众 600～800 万人次。随着旅游事业的发展，观众的人数有增无减，故宫始建于公元 1406 年（永乐四年），1420 年（永乐十八年）基本竣工，历时 14 年，是明朝永乐皇帝朱棣始建，在元大都宫殿的基础上兴建。

图 3　套题 2-3 样张效果

4．请完成文档中表格操作的任务。

（1）在 Word 2010 中打开“学生成绩统计表.docx”文档。

（2）参照样张，将第二行到最后一行的文字转换成表格。

（3）参照样张，在表格最右侧插入一空列，在插入的空列第一行单元格中输入文字“总分”；在表格最后插入一空行，在新插入行的第一个单元格中输入文字“平均成绩”，然后合并第 1 个至第 3 个单元格。

（4）参照样张，在表格最后一列中计算各名学生的总分，在表格最后一行的第四列至最后列单元格中计算平均成绩。

（5）参照样张，设置表格第一列至第三列、第九列宽度为 1.5 厘米；第四列至第八列宽度为 2.3 厘米，所有单元格高度为 0.8 厘米。

（6）参照样张，对各名学生依据总分进行降序排序；如果总分相同，则以数据结构成绩降序排序。

（7）参照样张，设置表格样式为浅色网格-强调文字颜色 2。

（8）参照样张，设置表格中标题行文字居中对齐。

（9）参照样张，设置表格在页面设置中选择页边距适中。

（10）保存文件。

（11）套题 2-4 样张效果如图 4 所示。

**学生成绩统计表**

| 班级 | 姓名 | 性别 | 计算机基础 | 软件应用 | 网络安全 | 数据结构 | 操作系统 | 总分 |
|---|---|---|---|---|---|---|---|---|
| 网管 | 于亮亮 | 男 | 90 | 88 | 92 | 90 | 75 | 435 |
| 计应 | 章伟男 | 男 | 98 | 87 | 85 | 90 | 70 | 430 |
| 网管 | 王豪 | 男 | 84 | 92 | 90 | 89 | 66 | 421 |
| 电政 | 刘丰硕 | 女 | 87 | 90 | 89 | 89 | 66 | 421 |
| 计应 | 马晓虎 | 男 | 89 | 78 | 90 | 86 | 72 | 415 |
| 网管 | 闫万方 | 男 | 85 | 90 | 88 | 88 | 63 | 414 |
| 计应 | 李小光 | 女 | 82 | 81 | 76 | 80 | 91 | 410 |
| 电政 | 魏丽华 | 男 | 79 | 80 | 79 | 79 | 89 | 406 |
| 计应 | 崔航 | 女 | 78 | 80 | 80 | 79 | 88 | 405 |
| 网管 | 金婷婷 | 男 | 88 | 56 | 88 | 77 | 92 | 401 |
| 电政 | 李立丽 | 女 | 71 | 90 | 87 | 83 | 68 | 399 |
| 电政 | 张晓点 | 女 | 83 | 79 | 82 | 81 | 64 | 389 |
| 网管 | 张大伟 | 男 | 75 | 80 | 76 | 77 | 81 | 389 |
| 计应 | 李红娇 | 女 | 77 | 86 | 81 | 81 | 62 | 387 |
| 电政 | 陈旭旭 | 男 | 87 | 77 | 64 | 76 | 82 | 386 |
| 电政 | 李健 | 男 | 73 | 72 | 80 | 75 | 85 | 385 |
| 电政 | 李劲 | 女 | 67 | 75 | 77 | 73 | 92 | 384 |
| 电政 | 张博 | 女 | 69 | 76 | 73 | 73 | 78 | 369 |
| 网管 | 蔡源源 | 女 | 86 | 70 | 70 | 75 | 67 | 368 |
| 网管 | 蔡晓晨 | 女 | 68 | 77 | 80 | 75 | 65 | 365 |
| 网管 | 闫加宇 | 男 | 60 | 50 | 57 | 96 | 67 | 330 |
| 计应 | 张小楠 | 男 | 58 | 65 | 60 | 61 | 83 | 327 |
| 平均成绩 | | | 78.82 | 78.14 | 79.27 | 80.59 | 75.73 | |

图 4　套题 2-4 样张效果

5．请完成文档的编辑排版工作。

（1）在 Word 2010 中打开“四大水果.docx”文档。

（2）参照样张，在文中插入 SmartArt 图形：分离射线。

（3）设置 SmartArt 图形的自动换行为上下型环绕。

（4）参照样张，在该 SmartArt 图形中输入文本文字分别为苹果、葡萄、柑橘、香蕉。

（5）参照样张，设置该 SmartArt 图形的颜色为彩色范围，强调文字颜色 5 至 6。

（6）参照样张，设置该 SmartArt 样式为三维—优雅。

（7）参照样张，设置该 SmartArt 图形文本填充为白色，背景 1。文本效果为阴影-向左偏移。

（8）设置该 SmartArt 图形的高度为 8 厘米，宽度为 12 厘米。

（9）参照样张，调整该 SmartArt 图形的位置。

（10）保存文件。

（11）套题 2-5 样张效果如图 5 所示。

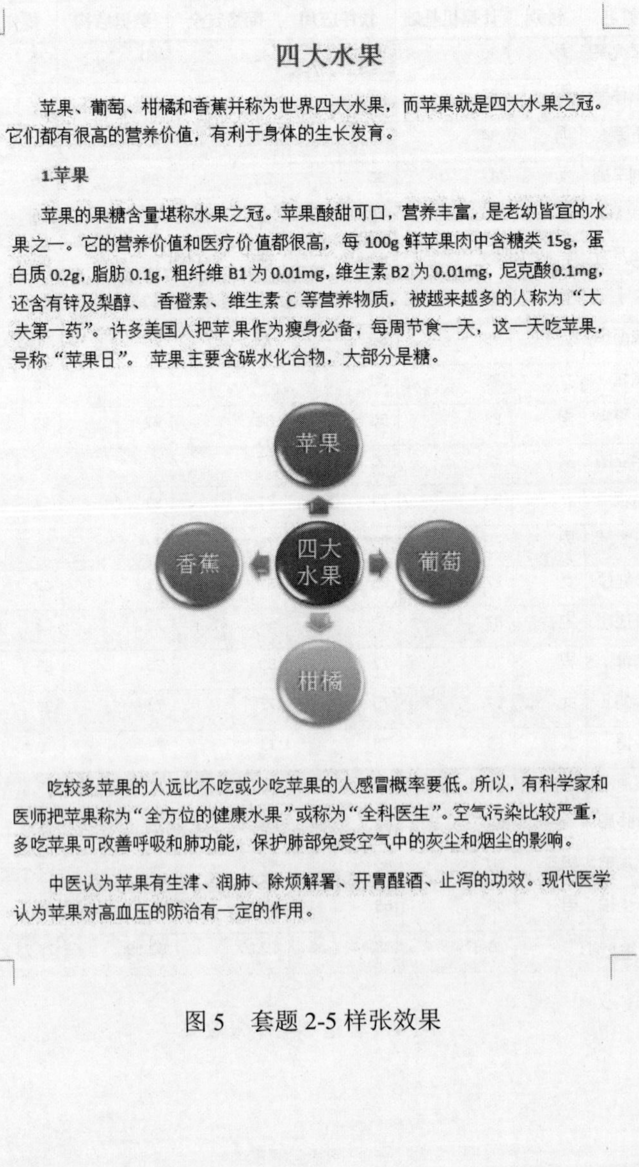

四大水果

苹果、葡萄、柑橘和香蕉并称为世界四大水果，而苹果就是四大水果之冠。它们都有很高的营养价值，有利于身体的生长发育。

1.苹果

苹果的果糖含量堪称水果之冠。苹果酸甜可口，营养丰富，是老幼皆宜的水果之一。它的营养价值和医疗价值都很高，每 100g 鲜苹果肉中含糖类 15g，蛋白质 0.2g，脂肪 0.1g，粗纤维 B1 为 0.01mg，维生素 B2 为 0.01mg，尼克酸0.1mg，还含有锌及梨醇、香橙素、维生素 C 等营养物质，被越来越多的人称为“大夫第一药”。许多美国人把苹 果作为瘦身必备，每周节食一天，这一天吃苹果，号称“苹果日”。苹果主要含碳水化合物，大部分是糖。



吃较多苹果的人远比不吃或少吃苹果的人感冒概率要低。所以，有科学家和医师把苹果称为“全方位的健康水果”或称为“全科医生”。空气污染比较严重，多吃苹果可改善呼吸和肺功能，保护肺部免受空气中的灰尘和烟尘的影响。

中医认为苹果有生津、润肺、除烦解暑、开胃醒酒、止泻的功效。现代医学认为苹果对高血压的防治有一定的作用。

图 5　套题 2-5 样张效果

**套题 3:**

1．请完成指定文档的文字编辑。

（1）在 Word 2010 中新建一个空白文档。

（2）将文件“大数据与社会计算.txt”中的内容插入新建文档中。

（3）将文件内容中的所有“大数字”一词替换为“大数据”。

（4）将文件内容中的最后一个自然段移至第一自然段之前。

（5）参照样张，设置第一行文字格式为华文中宋、一号、深红色、居中对齐。设置第二行至最后一行为四号、紫色，其中中文字体为微软雅黑，西文字体为 Times New Roman。

（6）参照样张，设置第二行至最后一行所有文字的段落格式为首行缩进 2 字符，段前、段后间距均为 0.5 行，行距为 1.5 倍。

（7）参照样张，设置文章标题“大数据与社会计算”字符间距加宽 6 磅。

（8）参照样张，将文章正文中“大数据”一词加上着重号。

（9）设置允许行首标点压缩。

（10）将文件保存为“大数据与社会计算.docx”。

（11）套题 3-1 样张效果如图 1 所示。

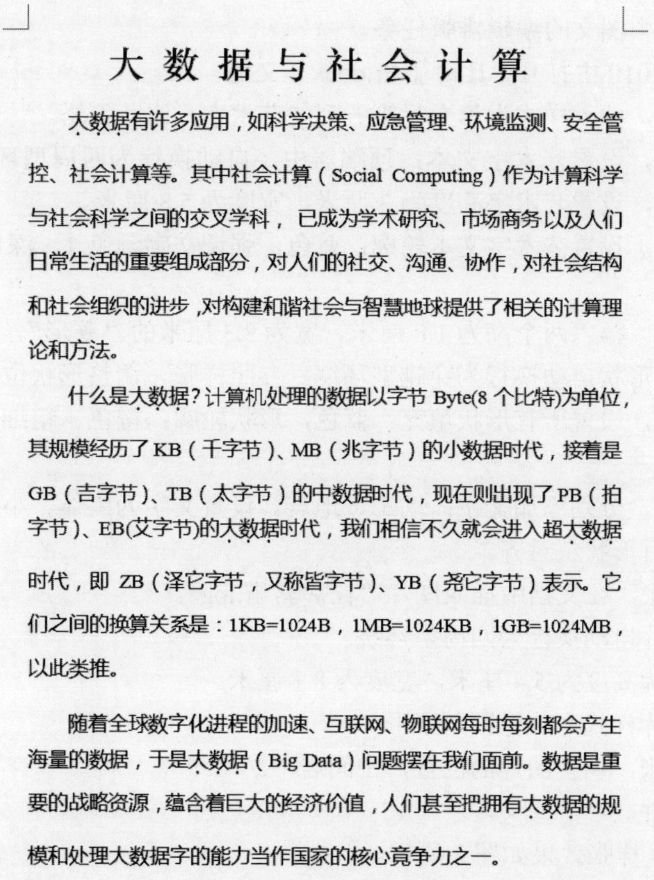

大 数 据 与 社 会 计 算

大数据有许多应用，如科学决策、应急管理、环境监测、安全管控、社会计算等。其中社会计算（Social Computing）作为计算科学与社会科学之间的交叉学科，已成为学术研究、市场商务以及人们日常生活的重要组成部分，对人们的社交、沟通、协作，对社会结构和社会组织的进步，对构建和谐社会与智慧地球提供了相关的计算理论和方法。

什么是大数据？计算机处理的数据以字节 Byte(8 个比特)为单位，其规模经历了 KB（千字节）、MB（兆字节）的小数据时代，接着是 GB（吉字节）、TB（太字节）的中数据时代，现在则出现了 PB（拍字节）、EB(艾字节)的大数据时代，我们相信不久就会进入超大数据时代，即 ZB（泽它字节，又称皆字节）、YB（尧它字节）表示。它们之间的换算关系是：1KB=1024B，1MB=1024KB，1GB=1024MB，以此类推。

随着全球数字化进程的加速、互联网、物联网每时每刻都会产生海量的数据，于是大数据（Big Data）问题摆在我们面前。数据是重要的战略资源，蕴含着巨大的经济价值，人们甚至把拥有大数据的规模和处理大数据字的能力当作国家的核心竞争力之一。

图 1　套题 3-1 样张效果

2．请完成文档的格式设置。

（1）在 Word 2010 中打开“电子邮件.docx”文档。

（2）参照样张，设置页面大小为 B5（(JIS) 18.2 厘米×25.7 厘米）。

（3）参照样张，设置页面主题为茅草。

（4）参照样张，设置页面水印文字为“电子邮件的使用”，颜色为深红，字体为微软雅黑。

（5）参照样张，设置第一行文字“电子邮件”样式为标题 2，文字为居中对齐、微软雅黑、蓝色。

（6）参照样张，在第一行文字“电子邮件”后插入脚注“摘自 Internet 实用教程”。

（7）参照样张，设置正文第一段首字下沉 3 行，距正文 0.5 厘米。

（8）参照样张，设置正文第二段底纹颜色为：金色，强调文字颜色 5。正文第三段采用红色阴影边框，宽度为 2.25 磅。

（9）参照样张，设置相应文字的项目符号为“✧”。

（10）参照样张，设置页眉为“电子邮件的使用”，字体颜色为蓝色。

（11）参照样张，在正文底部插入日期和时间，右对齐。

（12）保存文件。

（13）套题 3-2 样张效果如图 2 所示。

3．请完成文档中图文的编辑排版任务。

（1）在 Word 2010 中打开“比萨斜塔.docx”文档。

（2）参照样张，插入样式为第五行第五列的艺术字：比萨斜塔。

（3）参照样张，设置艺术字文本：顶端居中，自动换行为四周型环绕，移至适当位置。

（4）参照样张，设置艺术字高度为 3 厘米，宽度为 5.8 厘米。

（5）参照样张，设置艺术字文本轮廓：蓝色，强调文字颜色 1，深色 25%。文本效果：阴影-向下偏移。

（6）参照样张，插入两个高为 1.8 厘米、宽为 3.3 厘米的“菱形”。

（7）设置所有形状自动换行为穿越型环绕。参照样张，调整形状位置。

（8）参照样张，设置所有形状填充：蓝色，形状轮廓：橙色、粗细 3 磅。形状效果：映像-全映像，接触。

（9）参照样张，分别添加文字：动工、地震。设置文字为黑体、小四、白色、加粗。

（10）设置所有形状左对齐。

（11）参照样张，在文档中插入图片“比萨斜塔.jpg”。

（12）设置图片自动换行为四周型环绕。

（13）设置图片高度为 5.4 厘米，宽度为 8.1 厘米。

（14）设置图片样式为映像圆角矩形。

（15）参照样张，调整图片的位置，中间居中。

（16）保存文件。

（17）套题 3-3 样张效果如图 3 所示。

电子邮件的使用

## 电子邮件[1]

在信息化时代的今天，电子邮件已然成为工作、学习内外沟通最重要也是最基本的工具，回想过去从纸质书信到现在的电子邮件，再到即时通信和视频电话，人们的沟通方式已经发生了巨大的变化。从写信、打电话到发电子邮件和发手机短信，信息沟通很方便。

通过 Internet，可以发送与接收电子邮件。与传统邮政服务相比，它能够以非常快的速度，将电子邮件发送到世界上任何能够接受此服务的地方。电子邮件以其快捷、便利、保密、价廉、信息多样化（电子邮件发送的信件内容除普通文字外，还可以是软件、数据，甚至是录音、动画、视频或各类多媒体信息）等优点，已经成为现代化办公的一个重要手段。

本章将介绍如何获得一个电子邮件，如何使用好电子邮件以及如何对电子邮件系统进行设置和管理。

学习目标

- ✧ 什么是电子邮件
- ✧ 申请免费电子信箱
- ✧ 发送和浏览电子邮件
- ✧ 发送带有附件的电子邮件
- ✧ 电子邮件系统有关协议
- ✧ 电子邮箱的设置

2024 年 5 月 28 日星期二

电子邮件的使用

[1] 摘自 Internet 实用教程

图 2　套题 3-2 样张效果

# 比萨斜塔

比萨斜塔建在意大利中部比萨城里，是属于比萨大教堂的一座钟楼。它是意大利著名的古代文化遗产，是世界建筑历史的奇迹。

动工

公元 1174 年动工，1350 年完工，是 8 层圆柱形建筑。塔高 54.5 米，全部采用大理石，重达 1.42 万吨。造型古朴而秀巧，是罗马式建筑范本。顶层是钟楼，塔内有螺旋状楼梯 294 级，盘旋而上塔顶，可以眺望比萨城全景。

塔由于造基不慎，到第 3 层出现倾斜，被迫停建达一个世纪，后来继续施工。建成时，塔顶中心偏离垂直中心线 2.1 米。600 多年以来，塔身继续而缓慢地倾斜，每年平均向南倾斜约 1 毫米，所以称为“斜塔”。由于其倾斜度有增无减，从外表看，已经岌岌可危。

而 1972 年 10 月发生的一次地震，更是对这座古建筑的一次大冲击，幸好还巍然屹立，未为所动。这种“斜而不倾”的现象,是比萨斜塔闻名遐迩的原因。1591 年伽利略在比萨斜塔做 “两个铁球同时落地”的实验，更是让比萨斜塔蜚声海外，让大家都想来一探究竟。每年 80 万游客来到塔下，无不对它那“斜而不倾”的塔身表示忧虑和焦急，同时为自己能亲眼目睹这一由缺陷造成的奇迹而庆幸万分。伽利略推翻错误的亚氏定律确有其事，然而实验是否的确在比萨斜塔上做，这一说法却遭到了许多学者的质疑，不过，争论不休的舌战反而更增添了斜塔的神秘感和魅力。

比萨斜塔是意大利优秀的古代文化遗产，被誉为中世纪七大建筑奇迹之一。虽然俗话说：“比萨斜塔像比萨人一样结实健壮，永远不会倒下。”事实却是，从 1918 年开始测量以来，塔身每年平均向南倾斜 1 毫米，至今其顶部中心点偏离垂直中心线已近 5 米。

地震

1980 年地震时，斜塔曾摇晃了 22 分钟之久，真是岌岌可危。为了挽救这座著名建筑，意大利政府采取了种种措施。早在 1930 年，塔基周围就被灌浆加固，1973 年又禁止在以斜塔为中心，半径 1.5 千米范围内抽水。据专家预测，如无意外，斜塔还可能保持 250 年之久。虽然意大利不惜重金苦心经营，但斜塔是否果真会“斜而不倾”？答案在未来，而不是现在!

图 3　套题 3-3 样张效果

4．请完成文档中表格操作的任务。

（1）在 Word 2010 中打开"洗衣液一周销量报表.docx"文档。

（2）参照样张，将第二行到最后一行的文字转换成表格。

（3）参照样张，在表格最下方插入一空行，在其第二列单元格中输入文字"销售数量总计"。

（4）参照样张，在表格最后一行的"销售数量"列单元格中计算所有代理区域销售数量的总计。在表格第五列计算各代理区域销售金额。在表格最后一列中计算各代理区域销售数量所占比例（销售数量所占比例=销售数量/销售数量总计×100%）。

（5）参照样张，设置表格第一列、第四列宽度为 2.1 厘米；第二列、第三列、第五列、第六列宽度为 3.6 厘米。

（6）参照样张，对各代理区域依据"销售数量所占比例"降序排序。

（7）参照样张，设置表格样式为：中等深浅网格 1-强调文字颜色 1。

（8）参照样张，设置表格中序号列文字水平居中对齐；设置第一行文字水平居中对齐。

（9）参照样张，设置表格在页面居中对齐。

（10）保存文件。

（11）套题 3-4 样张效果如图 4 所示。

洗衣液一周销量报表

| 序号 | 代理区域 | 销售数量 | 单价 | 销售金额/元 | 销售数量所占比例/% |
|---|---|---|---|---|---|
| 8 | 山东省 | 7473 | 62 | 463326 | 27 |
| 4 | 重庆市 | 3716 | 82 | 304712 | 13 |
| 3 | 上海市 | 3491 | 82 | 286262 | 13 |
| 5 | 河北省 | 2736 | 82 | 224352 | 10 |
| 1 | 北京市 | 2895 | 82 | 237390 | 10 |
| 7 | 陕西省 | 1782 | 82 | 146124 | 6 |
| 6 | 山西省 | 1590 | 82 | 130380 | 6 |
| 2 | 天津市 | 1800 | 82 | 147600 | 6 |
| 9 | 河南省 | 1402 | 82 | 114964 | 5 |
| 10 | 辽宁省 | 1007 | 82 | 82574 | 4 |
| 销售数量总计 | | 27892 | | | |

图 4　套题 3-4 样张效果

5．请完成文档的编辑排版工作。

（1）在 Word 2010 中打开"蔬菜分类.docx"文档。

（2）参照样张，在文中插入 SmartArt 图形：层次结构。

（3）设置 SmartArt 图形的自动换行为四周型环绕。

（4）参照样张，在该 SmartArt 图形中输入文本文字。

（5）参照样张，设置该 SmartArt 图形的颜色为：彩色范围，强调文字颜色 2 至 3。

（6）参照样张，设置该 SmartArt 样式为三维-嵌入。

（7）参照样张，设置该 SmartArt 图形文本填充为：蓝色，强调文字颜色 1。文本效果为：转换-弯曲，前近后远。

（8）设置该 SmartArt 图形的高度为 8.5 厘米，宽度为 15.1 厘米。

（9）参照样张，调整该 SmartArt 图形的位置。

（10）保存文件。

（11）套题 3-5 样张效果如图 5 所示。

# 蔬菜分类

世界上栽培的蔬菜有 800 多种，野生蔬菜种类更多，有不少已栽培驯化为新的蔬菜种类。生产上数量较大的蔬菜有 50 余种，同一种类中又有许多变种和品种。蔬菜分类系统也有几个，除了植物学分类以外，还有按产品器官和农业生物学分类。这两种分类在生产和流通领域较常用。

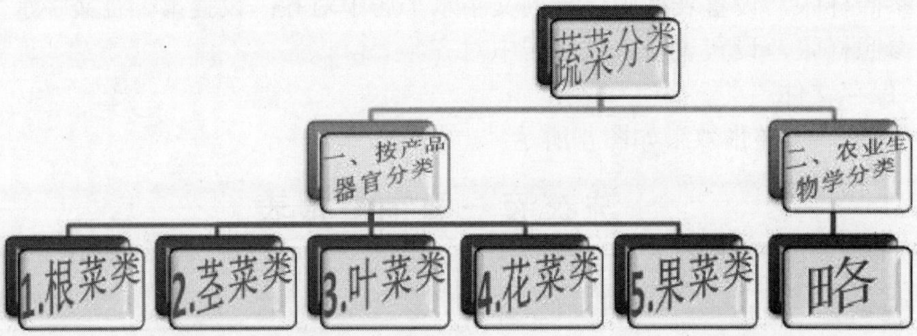


一、按产品器官分类

**1.根菜类蔬菜（root vegetable）**

这类菜的产品（食用）器官是肉质根或块根，所以又分为肉质根菜类(fleshy tap root vegetable)和块根菜类（tuberous root vegetable）。前者包括萝卜、胡萝卜、大头菜、芜箐、芜箐甘蓝、根用甜菜等；块根菜类有豆薯、葛等。

**2.茎菜类蔬菜（stem vegetable）**

这类菜的产品（食用）器官包括地上茎和地下茎变态，所以又分地上茎菜类（aerial stem vegetable）和地下茎菜类（subteranean stem vegetable）。前者包括竹笋、茭白、石刁柏、莴苣笋、榨菜、球茎甘蓝等；地下茎菜类有马铃薯、莲藕、菊芋、荸荠、姜、芋头、慈菇等。

**3.叶菜类蔬菜（leaf vegetable）**

这类菜的产品多种多样，所以又分为几类，普通叶菜类（common leaf vegetable）包括小白菜、荠菜、菠菜、芹菜、苋菜等；结球叶菜类（corm leaf vegetable）包

图 5　套题 3-5 样张效果

## 套题 4：

1．请完成指定文档的文字编辑。

（1）在 Word 2010 中新建一个空白文档。

（2）将文件“计算机病毒.txt”中的内容插入新建文档中。

（3）将文件内容中的所有“computer”一词替换为“计算机”。

（4）将文件内容中的最后一个自然段移至第一自然段之后。

（5）参照样张，设置第一行文字格式为华文行楷、小初、红色、居中对齐。设置第二行至最后一行文字内容为：字体为楷体、字号为小四号、颜色为绿色。

（6）参照样张，设置第二行至最后一行所有文字的段落格式为：首行缩进 2 字符，段前、段后间距均为 0.5 行，行距为 2 倍行距。

（7）参照样张，设置文章标题“计算机病毒”字符间距紧缩 1.5 磅。

（8）参照样张，将文章正文中“计算机病毒”一词全部设置为突出显示。

（9）设置允许行首标点压缩。

（10）将文件保存为“计算机病毒.docx”。

（11）套题 4-1 样张效果如图 1 所示。

2．请完成文档的格式设置。

（1）在 Word 2010 中打开“网上即时通信.docx”文档。

（2）参照样张，设置页面大小为 16 开（18.4 厘米×26 厘米）。

（3）参照样张，设置页面主题为角度。

（4）参照样张，设置页面水印文字为“网上即时通信”，颜色为浅蓝，字体为华文新魏。

（5）参照样张，设置第一行文字“网上即时通信”样式为标题 2，文字为居中对齐、黑体、蓝色。

（6）参照样张，在第一行文字“网上即时通信”后插入脚注“摘自 Internet 实用教程”。

（7）参照样张，设置正文第一段首字下沉 2 行，距正文 0.5 厘米。

（8）参照样张，设置相应文字的项目符号为“◆”。

（9）参照样张，设置页眉为“网上即时通信”，字体颜色为深蓝色字体，右对齐。

（10）参照样张，在正文底部插入日期和时间，右对齐。

（11）参照样张，设置正文第二段底纹颜色为橙色，强调文字颜色 2。正文第三段采用蓝色、三维边框，宽度为 1.5 磅。

（12）保存文件。

（13）套题 4-2 样张效果如图 2 所示。

# 计算机病毒

计算机病毒是编制者在计算机程序中插入的破坏计算机功能或者数据的代码，能影响计算机使用，能自我复制的一组计算机指令或者程序代码。

计算机病毒具有传播性、隐蔽性、感染性、潜伏性、可激发性、表现性或破坏性。计算机病毒的生命周期：开发期→传染期→潜伏期→发作期→发现期→消化期→消亡期。

计算机病毒是一个程序，一段可执行码，就像生物病毒一样，具有自我繁殖、互相传染以及激活再生等生物病毒特征。计算机病毒有独特的复制能力，它们能够快速蔓延，又常常难以根除。它们能把自身附着在各种类型的文件上，当文件被复制或从一个用户传送到另一个用户时，它们就随同文件一起蔓延开来。

《中华人民共和国计算机信息系统安全保护条例》中明确定义，病毒指“编制者在计算机程序中插入的破坏计算机功能或者破坏数据，影响计算机使用并且能够自我复制的一组计算机指令或者程序代码”。

计算机病毒与医学上的“病毒”不同，计算机病毒不是天然存在的，是人利用计算机软件和硬件所固有的脆弱性编制的一组指令集或程序代码。它能潜伏在计算机的存储介质（或程序）里，条件满足时即被激活，通过修改其他程序的方法将自己的精确拷贝或者可能演化的形式放入其他程序中。从而感染其他程序，对计算机资源进行破坏，所谓的病毒就是人为造成的，对其他用户的危害性很大。

图1　套题 4-1 样张效果

网上即时通信

## 网上即时通信[1]

除了电子邮件，Internet 还提供了博客、微博、论坛、社交网络和即时通信等多种网上交流方式。用博客可以撰写长篇的文章，用微博可以及时发送简短的信息，在社交网络上可以分享照片和音乐，使用即时通信软件可以远距离实时在线进行沟通。随着网络宽带的普及，使用即时通信软件可以远距离实时在线进行沟通。随着网络宽带的普及，使用即时通信软件不光可以进行文字交流，还可以进行语音乃至视频通话。

网络最迷人的地方在于它为人提供了一种全新的交流方式，网上聊天缩短了人与人之间的距离，将远隔千里的人连接在一起，它省钱、方便、快捷，已成为用户十分喜爱的一项网络服务。用户可以通过客户端软件实现网上聊天、语音对话、视频交互、文件传输等，开创了一种新型的人与人之间的交流方式。

当前被网友们广泛使用的即时通信软件有两种 QQ 和 Skype，相信经常上网聊天的朋友对它们都不会陌生，本章主要向大家介绍这两款软件下载、安装、申请到设置的使用方法。

学习目标

- QQ 的下载与安装
- QQ 的申请与使用
- Skype 的下载与安装
- Skype 的申请与使用方法

2024 年 5 月 28 日星期二

[1] 摘自 Internet 实用教程。

图 2　套题 4-2 样张效果

3．请完成文档中图文的编辑排版任务。

（1）在 Word 2010 中打开“中国算盘起源.docx”文档。

（2）参照样张，插入样式为第五行第三列的艺术字：中国算盘起源。

（3）参照样张，设置艺术字文本：中部对齐，自动换行为上下型环绕，移至适当位置。

（4）参照样张，设置艺术字高度为 1.8 厘米，宽度为 12 厘米。

（5）参照样张，设置艺术字文本轮廓为深红，文本效果为转换-波形 2。

（6）参照样张，插入两个高度为 1.5 厘米、宽度为 2.8 厘米的“圆角矩形标注”形状。

（7）设置所有形状自动换行为紧密型环绕。参照样张，调整形状位置。

（8）参照样张，设置所有形状填充：黄色。形状轮廓：蓝色。形状效果：发光，蓝色，18pt 发光，强调文字颜色 1。

（9）参照样张，分别添加文字“发展起源、算盘来历”。设置文字为华文楷体、四号、红色、加粗。

（10）设置所有形状左对齐。

（11）参照样张，在文档中插入图片“算盘.jpg”。

（12）设置图片自动换行为四周型环绕。

（13）设置图片高度为 4.5 厘米，宽度为 7.8 厘米。

（14）设置图片样式为柔化边缘矩形。

（15）参照样张，调整图片的位置，图片右对齐。

（16）保存文件。

（17）套题 4-3 样张效果如图 3 所示。

4．请完成文档中表格操作的任务。

（1）在 Word 2010 中打开“一季度洗发水销售报表.docx”文档。

（2）参照样张，将第二行到最后一行的文字转换成表格。

（3）参照样张，在表格最下方插入一空行，在插入的空行第一列单元格中输入文字“销售金额合计（元）”。

（4）参照样张，在表格的“销售金额（元）”列单元格中计算所有代理区域销售金额合计的值（销售金额=销售数量×单价）；在最后一行的第四列单元格中计算“销售金额合计（元）”；在表格第五列计算各代理区域销售金额所占比例（销售金额所占比例=销售金额/销售金额合计×100%）。

（5）参照样张，设置表格第一列、第四列、第五列宽度为 3.8 厘米；第二列、第三列宽度为 3.1 厘米。

（6）参照样张，对各代理区域依据“销售金额所占比例”降序排序。

（7）参照样张，设置表格样式为彩色列表-强调文字颜色 6。

（8）参照样张，设置表格第一行文字水平居中对齐。

（9）参照样张，设置表格在页面居中对齐。

（10）保存文件。

（11）套题 4-4 样张效果如图 4 所示。

# 中国算盘起源

关于算盘的来历，一说最早可以追溯到汉末三分时期，关羽所发明，据说我国当时就有了“算板”。古人把 10 个算珠串成一组，一组组排列好，放入框内，然后迅速拨动算珠进行计算。当然这只是传说，没有史料的印证。

算盘究竟是何人发明的，无法考察。但是它的使用应该是很早的。东汉末年，数学家徐岳《数术纪遗》载：“珠算控带四时，经纬三才。”北周甄鸾注云：“刻板为三分，位各五珠，上一珠与下四珠色别，其上别色之珠当五，其下四珠各当一。”汉代即有算盘，但形制与现今不同。不过，中梁以上一珠当五，中梁以下各珠当一，则与现代不同，又据徐岳说，他的老师刘洪曾部学于道家天目先生，天目先生解释了 14 种计算方法，其中一种就是珠算，可见至迟在东汉已经出现算盘。有些历史学家认为，算盘的名称，最早出现于元代学者刘因（1249——1293 年）撰写的《静修先生文集》里。在《元曲选》无名氏《庞居士误放来生债》里也提到算盘。剧中有这样一句话：“闲着手，去那算盘里拨了我的岁数。”公元 1274 年，杨辉在《乘除通就算宝》里，1299 年朱世杰在《算学启蒙》里都记载了有关算盘的《九归除法》公元 1450 年，吴敬在《九章详注比类算法大全》里，对算盘的用法记述较为详细，张择瑞在《清明上河图》中画有一算盘，可见，早在北宋或北宋以前我国就已普遍使用算盘这一计算工具了。

**发展起源**

算盘是中国传统的计算工具。中国人在长期使用算筹基础上发明的，是中国古代的一项伟大、重要的发明，在阿拉伯数字出现前是全世界广为使用的计算工具。

**算盘来历**

关于算盘的来历，一说最早可以追溯到汉末三分时期，关羽所发明，据说我国当时就有了“算板”。古人把 10 个算珠串成一组，一组组排列好，放入框内，然后迅速拨动算珠进行计算。

据公开资料显示，“珠算”一词最早见于东汉徐岳所撰的《数术纪遗》其中有云：“珠算控带四时，经纬三才。”北周甄鸾为此作注，大意是：把木板刻为 3 部分，上、下两部分是停游珠用的，中间一部分是作定位用的。每位各有 5 颗珠，上面一颗与下面四颗珠用颜色来区别，后称之为“档”。上面一珠当五，下面四珠每珠当一。而今天的解释是：算盘为长方形，木框中嵌有细杆，杆上串有算盘珠，算盘珠可沿细杆上下拨动，通过用手拨动算盘来完成算术运算，这些小木棍叫“算筹”，用算筹作为工具进行的计算叫“筹算”。后来，随着生产的发展，用小木棍进行计算受到了限制，于是，人们又发明了更先进的计算工具——算盘。

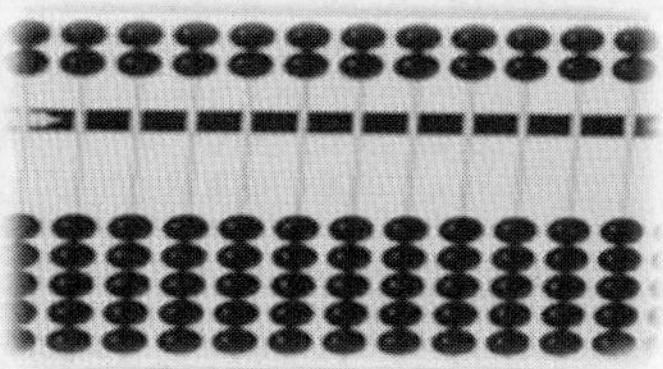

到了明代，珠算不但能进行加减乘的运算，还能计算土地面积和各种形状东西的大小。

图 3　套题 4-3 样张效果

## 一季度洗发水销售报表

| 代理区域 | 销售数量 | 单价 | 销售金额/元 | 销售金额所占比例/% |
|---|---|---|---|---|
| 海南省 | 3716 | 102 | 379032 | 16 |
| 贵州省 | 3555 | 102 | 362610 | 15 |
| 宁夏回族自治区 | 2867 | 102 | 292434 | 12 |
| 青海省 | 2590 | 102 | 264180 | 11 |
| 广东省 | 2491 | 102 | 254082 | 10 |
| 四川省 | 2003 | 102 | 204306 | 8 |
| 云南省 | 1800 | 102 | 183600 | 8 |
| 甘肃省 | 1736 | 102 | 177072 | 7 |
| 广西壮族自治区 | 1597 | 102 | 162894 | 7 |
| 西藏自治区 | 1402 | 102 | 143004 | 6 |
| 销售金额合计/元 | | | 2423214 | |

图 4　套题 4-4 样张效果

5．请完成文档的编辑排版工作。

（1）在 Word 2010 中打开“中国传统十大名花排名.docx”文档。

（2）参照样张，在文中插入 SmartArt 图形：射线维恩图。

（3）设置 SmartArt 图形的自动换行为四周型环绕。

（4）参照样张，在该 SmartArt 图形中输入文本文字分别为“十大名花排名”“第一名：梅花”“第二名：牡丹”“第三名：月季”“第四名：荷花”“第五名：杜鹃”“第六名：茶花”“第七名：菊花”“第八名：兰花”“第九名：桂花”“第十名：水仙”。

（5）参照样张，设置该 SmartArt 图形的颜色为彩色范围，强调文字颜色 4 至 5。

（6）参照样张，设置该 SmartArt 样式为三维一粉末。

（7）参照样张，设置该 SmartArt 图形文本填充为茶色，背景 2。文本效果为发光-红色，8 磅发光，强调文字颜色 2。

（8）设置该 SmartArt 图形的高度为 8.6 厘米，宽度为 15.2 厘米。

（9）参照样张，调整该 SmartArt 图形的位置。

（10）保存文件。

（11）套题 4-5 样张效果如图 5 所示。

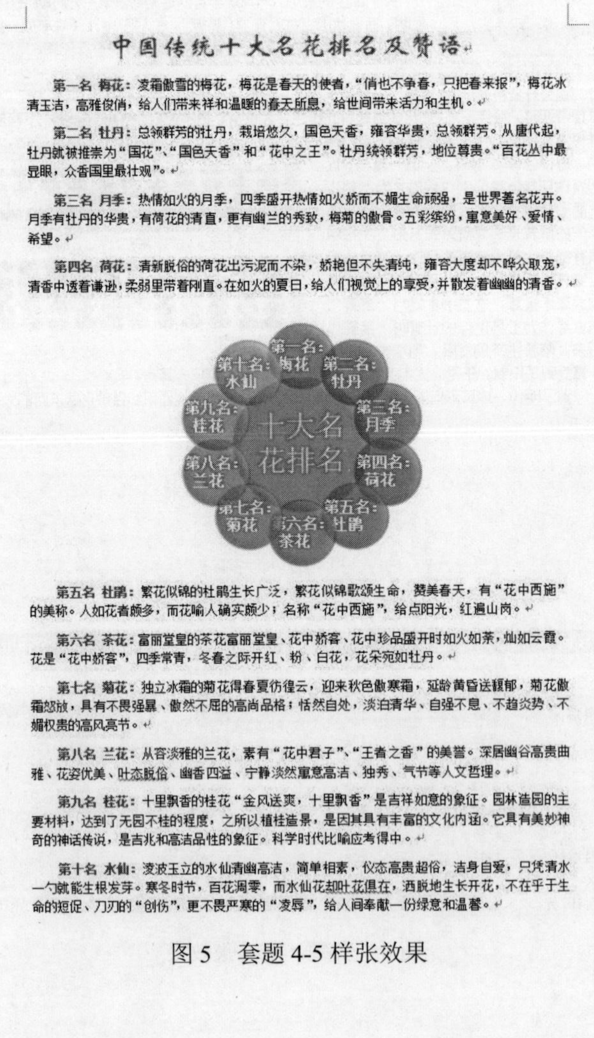

中国传统十大名花排名及赞语

第一名 梅花：凌霜傲雪的梅花，梅花是春天的使者，“俏也不争春，只把春来报”，梅花冰清玉洁，高雅俊俏，给人们带来祥和温暖的春天所息，给世间带来活力和生机。

第二名 牡丹：总领群芳的牡丹，栽培悠久，国色天香，雍容华贵，总领群芳。从唐代起，牡丹就被推崇为“国花”、“国色天香”和“花中之王”。牡丹统领群芳，地位尊贵。“百花丛中最显眼，众香国里最壮观”。

第三名 月季：热情如火的月季，四季盛开热情如火娇而不媚生命顽强，是世界著名花卉。月季有牡丹的华贵，有荷花的清直，更有幽兰的秀致，梅菊的傲骨。五彩缤纷，寓意美好、爱情、希望。

第四名 荷花：清新脱俗的荷花出污泥而不染，娇艳但不失清纯，雍容大度却不哗众取宠，清香中透着谦逊，柔弱里带着刚直。在如火的夏日，给人们视觉上的享受，并散发着幽幽的清香。



第五名 杜鹃：繁花似锦的杜鹃生长广泛，繁花似锦歌颂生命，赞美春天，有“花中西施”的美称。人如花者颇多，而花喻人确实颇少；名称“花中西施”，给点阳光，红遍山岗。

第六名 茶花：富丽堂皇的茶花富丽堂皇、花中娇客、花中珍品盛开时如火如荼，灿如云霞。花是“花中娇客”，四季常青，冬春之际开红、粉、白花，花朵宛如牡丹。

第七名 菊花：独立冰霜的菊花得春夏彷徨云，迎来秋色傲寒霜，延龄黄昏送馥郁，菊花傲霜怒放，具有不畏强暴、傲然不屈的高尚品格；恬然自处，淡泊清华、自强不息、不趋炎势、不媚权贵的高风亮节。

第八名 兰花：从容淡雅的兰花，素有“花中君子”、“王者之香”的美誉。深居幽谷高贵曲雅、花姿优美、叶态脱俗、幽香四溢、宁静淡然寓意高洁、独秀、气节等人文哲理。

第九名 桂花：十里飘香的桂花“金风送爽，十里飘香”是吉祥如意的象征。园林造园的主要材料，达到了无园不桂的程度，之所以植桂造景，是因其具有丰富的文化内涵。它具有美妙神奇的神话传说，是吉兆和高洁品性的象征。科学时代比喻应考得中。

第十名 水仙：凌波玉立的水仙清幽高洁，简单相素，仪态高贵超俗，洁身自爱，只凭清水一勺就能生根发芽。寒冬时节，百花凋零，而水仙花却叶花俱在，洒脱地生长开花，不在乎于生命的短促、刀刃的“创伤”，更不畏严寒的“凌辱”，给人间奉献一份绿意和温馨。

图 5　套题 4-5 样张效果

# 学习项目八　电子表格软件 Excel 应用

**套题 1：**

1．打开素材文件“d:\data\素材.xlsx”，按照要求完成文档设置。

（1）在 G2 单元格内输入日期型数据“2024-5-22”。

（2）将“编号”列应用自动序列填充，填入文本类型数据“1”至“32”。

（3）页面设计：纸张 A4、纵向、左右页边距为 1.4 厘米，居中对齐方式为水平、垂直居中。

（4）设置打印标题行：第一行至第三行。

（5）窗口冻结第四行以上（不包括第四行）内容。

（6）将文件另存为“d:\data\收支情况表.xlsx”。

（7）套题 1-1 样张效果如图 1 所示。

各地区城镇居民家庭收支基本情况表

统计时间 2024-5-22

| 编号 | 地区 | 调查户数 | 平均每户家庭人口 | 平均每户就业人口 | 平均每人总收入 | 平均每人可支配收入 |
|---|---|---|---|---|---|---|
| 1 | 北京市 | 5000 | 2.72 | 1.39 | 9460 | |
| 2 | 天津市 | 1500 | 2.85 | 1.52 | 7725 | |
| 3 | 河北省 | 2620 | 2.86 | 1.4 | 4866 | |
| 4 | 山西省 | 1810 | 2.82 | 1.3 | 4903 | |
| 5 | 内蒙古自治区 | 2350 | 2.82 | 1.49 | 5816 | |
| 6 | 辽宁省 | 4300 | 2.65 | 1.3 | 5682 | |
| 7 | 吉林省 | 1450 | 2.71 | 1.45 | 4722 | |
| 8 | 黑龙江省 | 2250 | 2.64 | 1.27 | 4141 | |
| 9 | 上海市 | 1000 | 2.91 | 1.59 | 11098 | |
| 10 | 江苏省 | 5094 | 2.83 | 1.45 | 8431 | |
| 11 | 浙江省 | 4450 | 2.63 | 1.39 | 10718 | |
| 12 | 安徽省 | 2500 | 2.81 | 1.44 | 5343 | |
| 13 | 福建省 | 2000 | 3.13 | 1.68 | 7764 | |
| 14 | 江西省 | 1230 | 2.89 | 1.52 | 4743 | |
| 15 | 山东省 | 3300 | 2.85 | 1.69 | 6215 | |
| 16 | 河南省 | 2299 | 2.89 | 1.47 | 4972 | |
| 17 | 河北省 | 1900 | 2.9 | 1.47 | 5553 | |
| 18 | 内蒙古自治区 | 2350 | 2.82 | 1.49 | 5816 | |
| 19 | 辽宁省 | 4300 | 2.65 | 1.3 | 5682 | |
| 20 | 吉林省 | 1450 | 2.71 | 1.45 | 4722 | |
| 21 | 黑龙江省 | 2250 | 2.64 | 1.27 | 4141 | |
| 22 | 上海市 | 1000 | 2.91 | 1.59 | 11098 | |
| 23 | 江苏省 | 5094 | 2.83 | 1.45 | 8431 | |
| 24 | 浙江省 | 4450 | 2.63 | 1.39 | 10718 | |
| 25 | 安徽省 | 2500 | 2.81 | 1.44 | 5343 | |
| 26 | 福建省 | 2000 | 3.13 | 1.68 | 7764 | |
| 27 | 江西省 | 1230 | 2.89 | 1.52 | 4743 | |
| 28 | 山东省 | 3300 | 2.85 | 1.69 | 6215 | |
| 29 | 河南省 | 2299 | 2.89 | 1.47 | 4972 | |
| 30 | 天津市 | 1500 | 2.85 | 1.52 | 7725 | |
| 31 | 河北省 | 2620 | 2.86 | 1.4 | 4866 | |
| 32 | 山西省 | 1810 | 2.82 | 1.3 | 4903 | |

图 1　套题 1-1 样张效果

2．打开素材文件“d:\data\素材.xlsx”，按照要求完成文档设置。

设置修改权限密码为123。

3．打开素材文件“d:\data\幸福指数表.xlsx”，按照试题要求完成表格编辑。

（1）将A1:F1单元格合并居中。

（2）表格标题设置为隶书、字体大小为28磅，表格内所有数据设置为宋体、字体大小为13磅。

（3）设置第一行行高为40磅，其他各行行高为25磅，设置列宽为自动调整列宽。

（4）应用条件格式，对“享受需求分值”列中小于4的数据应用浅红填充色深红色文本显示。

（5）为表格标题添加批注“2024年5月”。

（6）取消网格线，完成后保存文件。

（7）套题1-3样张效果如图2所示。

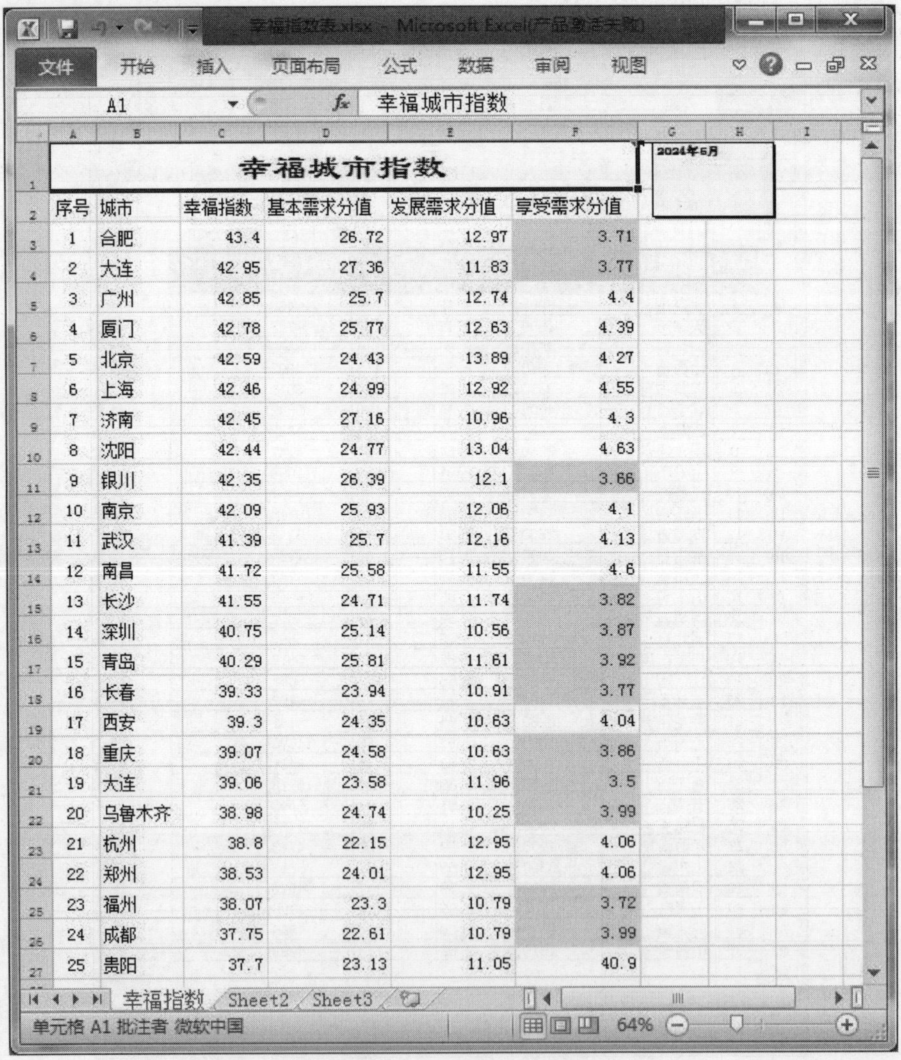


| 序号 | 城市 | 幸福指数 | 基本需求分值 | 发展需求分值 | 享受需求分值 |
|---|---|---|---|---|---|
| 1 | 合肥 | 43.4 | 26.72 | 12.97 | 3.71 |
| 2 | 大连 | 42.95 | 27.36 | 11.83 | 3.77 |
| 3 | 广州 | 42.85 | 25.7 | 12.74 | 4.4 |
| 4 | 厦门 | 42.78 | 25.77 | 12.63 | 4.39 |
| 5 | 北京 | 42.59 | 24.43 | 13.89 | 4.27 |
| 6 | 上海 | 42.46 | 24.99 | 12.92 | 4.55 |
| 7 | 济南 | 42.45 | 27.16 | 10.96 | 4.3 |
| 8 | 沈阳 | 42.44 | 24.77 | 13.04 | 4.63 |
| 9 | 银川 | 42.35 | 26.39 | 12.1 | 3.66 |
| 10 | 南京 | 42.09 | 25.93 | 12.06 | 4.1 |
| 11 | 武汉 | 41.39 | 25.7 | 12.16 | 4.13 |
| 12 | 南昌 | 41.72 | 25.58 | 11.55 | 4.6 |
| 13 | 长沙 | 41.55 | 24.71 | 11.74 | 3.82 |
| 14 | 深圳 | 40.75 | 25.14 | 10.56 | 3.87 |
| 15 | 青岛 | 40.29 | 25.81 | 11.61 | 3.92 |
| 16 | 长春 | 39.33 | 23.94 | 10.91 | 3.77 |
| 17 | 西安 | 39.3 | 24.35 | 10.63 | 4.04 |
| 18 | 重庆 | 39.07 | 24.58 | 10.63 | 3.86 |
| 19 | 大连 | 39.06 | 23.58 | 11.96 | 3.5 |
| 20 | 乌鲁木齐 | 38.98 | 24.74 | 10.25 | 3.99 |
| 21 | 杭州 | 38.8 | 22.15 | 12.95 | 4.06 |
| 22 | 郑州 | 38.53 | 24.01 | 12.95 | 4.06 |
| 23 | 福州 | 38.07 | 23.3 | 10.79 | 3.72 |
| 24 | 成都 | 37.75 | 22.61 | 10.79 | 3.99 |
| 25 | 贵阳 | 37.7 | 23.13 | 11.05 | 40.9 |

图2　套题1-3样张效果

4．打开素材文件“d:\data\AAA公司产品订货清单.xlsx”，按照试题要求完成表格编辑。

（1）依据单元格区域 I4:J9 中数据，使用 LOOKUP 函数依据工作表中给出的“产品单价”表格数据填充“单价”列数据。

（2）计算订货清单中“订单金额”列数据，“订单金额”=“单价”×“数量”。

（3）在 D34 单元格中使用条件计数函数计算产品“SGZY-01”的订单“数量”。

（4）在 E34 单元格中使用条件求和函数计算产品“SGZY-01”的“订单金额”。

（5）完成后保存文件。

（6）套题 1-4 样张效果如图 3 所示。

AAA公司产品订货清单

| 编号 | 客户 | 产品代码 | 单价 | 数量 | 订单金额 | 其他费用 |
|---|---|---|---|---|---|---|
| XL-1301 | 陈永久 | SGZY-01 | 2000 | 120 | 240000 | 800 |
| XL-1302 | 刘凯 | SGZY-01 | 2000 | 500 | 1000000 | 900 |
| XL-1303 | 张慧 | SGZY-01 | 2000 | 300 | 600000 | 500 |
| XL-1304 | 李辉 | SGZY-01 | 2000 | 450 | 900000 | 300 |
| XL-1305 | 邓志喜 | SGZY-02 | 1500 | 600 | 900000 | 540 |
| XL-1306 | 程刚 | SGZY-02 | 1500 | 145 | 217500 | 500 |
| XL-1307 | 曹元聪 | SGZY-02 | 1500 | 200 | 300000 | 350 |
| XL-1308 | 胡风 | SGZY-02 | 1500 | 300 | 450000 | 500 |
| XL-1309 | 赵敏 | SGZY-03 | 1700 | 600 | 1020000 | 400 |
| XL-1310 | 李莎 | SGZY-03 | 1700 | 150 | 255000 | 230 |
| XL-1311 | 宋子德 | SGZY-03 | 1700 | 90 | 153000 | 150 |
| XL-1312 | 郑欣宜 | SGZY-03 | 1700 | 156 | 265200 | 160 |
| XL-1313 | 罗妮娜 | SGZY-04 | 2500 | 70 | 175000 | 200 |
| XL-1314 | 赵刚 | SGZY-04 | 2500 | 260 | 650000 | 300 |
| XL-1315 | 陈永清 | SGZY-04 | 2500 | 130 | 325000 | 400 |
| XL-1316 | 贾明珠 | SGZY-04 | 2500 | 260 | 650000 | 391 |
| XL-1317 | 刘金刚 | SGZY-04 | 2500 | 180 | 450000 | 500 |
| XL-1318 | 陈永久 | SGZY-05 | 3500 | 145 | 507500 | 350 |
| XL-1319 | 邓志喜 | SGZY-05 | 3500 | 200 | 700000 | 500 |
| XL-1320 | 赵敏 | SGZY-05 | 3500 | 300 | 1050000 | 400 |
| XL-1321 | 郑欣宜 | SGZY-05 | 3500 | 600 | 2100000 | 230 |
| XL-1322 | 赵刚 | SGZY-06 | 1900 | 150 | 285000 | 150 |
| XL-1323 | 张慧 | SGZY-06 | 1900 | 90 | 171000 | 160 |
| XL-1324 | 曹元聪 | SGZY-06 | 1900 | 156 | 296400 | 200 |
| XL-1325 | 郑欣宜 | SGZY-06 | 1900 | 70 | 133000 | 300 |
| XL-1326 | 贾明珠 | SGZY-06 | 1900 | 260 | 494000 | 400 |
| XL-1327 | 邓志喜 | SGZY-06 | 1900 | 130 | 247000 | 391 |

产品单价

| 产品代码 | 单价 |
|---|---|
| SGZY-01 | 2000 |
| SGZY-02 | 1500 |
| SGZY-03 | 1700 |
| SGZY-04 | 2500 |
| SGZY-05 | 3500 |
| SGZY-06 | 1900 |

指定产品订单数量和订单金额合计

| 产品代码 | 数量 | 订单金额 |
|---|---|---|
| SGZY-01 | 4 | 2740000 |

图 3　套题 1-4 样张效果

5．打开素材文件“d:\data\公司办公设备.xlsx”，按照试题要求完成表格编辑。

（1）在“办公设备”工作表中以“名称”为关键字，按工作表中给出的“名称序列”升序排序。

（2）在“筛选”工作表中应用自动筛选功能，筛选出“名称”为“笔记本电脑”且“部门”为“办公室”或“财务部”的记录。

（3）参照样张，在“统计”工作表中使用数据透视表统计出各“部门”的“笔记本电脑”和“计算机”的数量，数据透视表的起始位置为工作表的 J1 单元格。

（4）套题 1-5 样张效果如图 4 所示。

| 序号 | 名称 | 厂家 | 型号 | 购入时间 | 部门 |
|---|---|---|---|---|---|
| 1 | 笔记本电脑 | Dell戴尔 | INs14RR-5628L | 2023年5月 | 办公室 |
| 2 | 笔记本电脑 | Lenovo联想 | Erazer Y50-70 | 2023年5月 | 办公室 |
| 3 | 笔记本电脑 | Dell戴尔 | INs14RR-5628L | 2023年5月 | 财务部 |
| 4 | 计算机 | 明基 | T-818 | 2023年5月 | 财务部 |
| 5 | 计算机 | 明基 | T-818 | 2023年5月 | 财务部 |
| 6 | 计算机 | 明基 | T-818 | 2023年5月 | 财务部 |
| 7 | 计算机 | 明基 | T-818 | 2023年5月 | 财务部 |
| 8 | 计算机 | 明基 | T-818 | 2023年5月 | 财务部 |
| 9 | 计算机 | 明基 | T-818 | 2023年5月 | 办公室 |
| 10 | 计算机 | 明基 | T-818 | 2023年5月 | 办公室 |
| 11 | 计算机 | 明基 | T-818 | 2023年5月 | 办公室 |
| 12 | 计算机 | 明基 | T-818 | 2023年5月 | 办公室 |
| 14 | 计算机 | 明基 | T-818 | 2023年5月 | 办公室 |
| 15 | 计算机 | 明基 | T-818 | 2023年5月 | 党办 |
| 16 | 计算机 | 明基 | T-818 | 2023年5月 | 党办 |
| 17 | 计算机 | 明基 | T-818 | 2023年5月 | 党办 |
| 18 | 计算机 | 明基 | T-818 | 2023年5月 | 党办 |
| 19 | 计算机 | 明基 | T-819 | 2023年5月 | 党办 |
| 20 | 计算机 | 明基 | T-820 | 2023年5月 | 经营预算科 |
| 21 | 计算机 | 明基 | T-821 | 2023年5月 | 经营预算科 |
| 22 | 计算机 | 明基 | T-822 | 2023年5月 | 经营预算科 |
| 23 | 计算机 | 明基 | T-823 | 2023年5月 | 经营预算科 |
| 24 | 计算机 | 明基 | T-824 | 2023年5月 | 经营预算科 |
| 25 | 计算机 | 明基 | T-825 | 2023年4月 | 经营预算科 |
| 26 | 计算机 | 明基 | T-826 | 2023年4月 | 经营预算科 |
| 27 | 笔记本电脑 | Lenovo联想 | Erazer Y50-70 | 2023年4月 | 党办 |
| 28 | 笔记本电脑 | Lenovo联想 | Erazer Y50-70 | 2023年4月 | 党办 |
| 29 | 复印机 | Epson爱普生 | WF-7624 A3 | 2023年4月 | 办公室 |
| 30 | 碎纸机 | 科密 | T-818 | 2023年4月 | 财务部 |
| 31 | 笔记本电脑 | Lenovo联想 | Erazer Y50-70 | 2023年5月 | 售后服务部 |
| 32 | 笔记本电脑 | Lenovo联想 | Erazer Y50-70 | 2023年6月 | 售后服务部 |

| 计数项:名称 | 列标签 | | |
|---|---|---|---|
| 行标签 | 笔记本电脑 | 计算机 | 总计 |
| 办公室 | 2 | 5 | 7 |
| 财务部 | 1 | 5 | 6 |
| 党办 | 2 | 5 | 7 |
| 经营预算科 | | 7 | 7 |
| 售后服务部 | 2 | | 2 |
| **总计** | **7** | **22** | **29** |

图 4　套题 1-5 样张效果

6．打开素材文件“d:\data\全国居民人均消费支出.xlsx”，按照试题要求制作图表。

（1）参照样张，依据“全国居民人均消费支出”表中数据制作三维饼图。

（2）图表位置为 D2:K21。

（3）设置图表标题为“2023 年全国居民人均消费支出分析”，字体为隶书、加粗。

（4）图例显示在底部。

（5）套题 1-6 样张效果如图 5 所示。

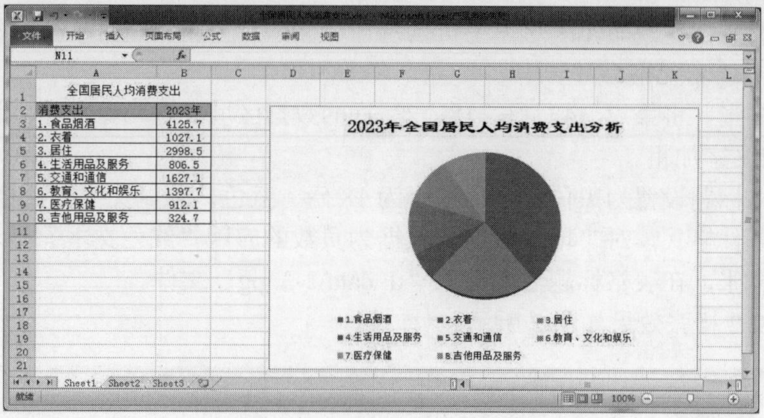


图5　套题 1-6 样张效果

## 套题 2:

1．打开素材文件“d:\data\赛事安排表.xlsx”，按照试题要求完成表格编辑。

（1）在第二行上插入一个空行。

（2）在 E2 单元格内输入日期型数据“2024-5-01”。

（3）页面设置：纸张 A4、横向，左右页边距为 0.8 厘米，上下页边距为 0.9 厘米，居中对齐方式为“水平”。

（4）设置打印标题行：第一行至第三行。

（5）窗口冻结第四行以上（不包括第四行）内容。

（6）将工作表命名为“赛事”。

（7）保存电子表格文件，同时将文件另存为“d:\data\赛事安排表.pdf”。

（8）套题 2-1 样张效果如图 1 所示。

**任川亚运会比赛内容**

2024-5-01

| 时间 | 分项 | 小项 | 比赛 | 场馆 |
|---|---|---|---|---|
| 06:20 | 高尔夫 | 男子团体 | 第三轮 | 梦想公园高尔夫俱乐部 |
| 06:20 | 高尔夫 | 男子个人 | 第三轮 | 梦想公园高尔夫俱乐部 |
| 06:20 | 高尔夫 | 女子团体 | 第三轮 | 梦想公园高尔夫俱乐部 |
| 06:20 | 高尔夫 | 女子个人 | 第三轮 | 梦想公园高尔夫俱乐部 |
| 08:00 | 保龄球 | 男子三人赛 | 第一场 | 安养虎溪体育馆 |
| 08:00 | 藤球 | 女子团体 | 半决赛A组第一VSB组第二 | 富川体育馆 |
| 08:00 | 垒球 | 女子 | 循环赛：　日本VS泰国 | 松岛LNG棒球场 |
| 08:00 | 射击 | 男子10米移动靶混合团体 | 决赛 | 玉莲国际射击场 |
| 08:00 | 射击 | 男子11米移动靶混合个人 | 资格赛 | 玉莲国际射击场 |
| 08:00 | 射击 | 男子50米步枪三姿团体 | 决赛 | 玉莲国际射击场 |
| 08:00 | 射击 | 男子50米步枪三姿个人 | 资格赛 | 玉莲国际射击场 |
| 08:30 | 射击 | 男子 | 小组赛 韩国VS马来西亚 | 连喜板球竞技场 |
| 08:30 | 射击 | 女子飞碟双向团体 | 决赛 | 京畿道射击场 |
| 08:30 | 射击 | 女子飞碟双向个人 | 资格赛 | 京畿道射击场 |
| 09:00 | 皮划艇 | 男子单人皮艇1000米 | 预赛1 | 河南溪沙里赛艇中心 |
| 09:00 | 射箭 | 复合弓女子团体 | 三四名决赛 | 贵阳亚运会射箭场 |
| 09:00 | 乒乓球 | 男子团体 | 预赛 | 水原体育馆 |
| 09:00 | 乒乓球 | 女子团体 | 预赛 | 水原体育馆 |
| 09:10 | 皮划艇 | 男子单人皮艇1000米 | 预赛2 | 河南溪沙里赛艇中心 |
| 09:25 | 射箭 | 复合弓女子团体 | 决赛 | 贵阳亚运会射箭场 |

图 1　套题 2-1 样张效果

2．打开素材文件“d:\data\医疗卫生机构统计表.xlsx”，按照试题要求完成表格编辑。

（1）将 A1:D1 单元格合并居中。

（2）参照样张，将第 2、4、13、18、23 行的数据区域设置为蓝色，强调文字颜色为淡色 80%样式，将文字加粗。

（3）将表格标题设置为黑体、字体大小为 18 磅、蓝色、强调文字颜色样式。

（4）应用条件格式，对“增减数”列数据为负数的应用“红色文本”显示。

（5）参照样张，在表格标题右侧插入“d:\data\2-3.jpg”文件。

（6）套题 2-2 样张效果如图 2 所示。

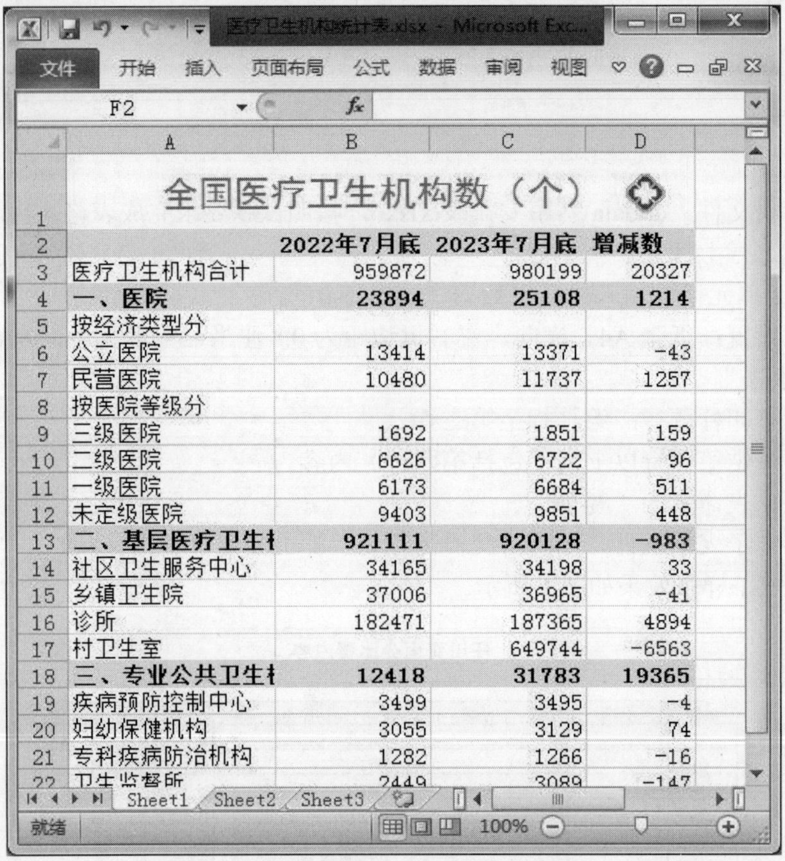


| | A | B | C | D |
|---|---|---|---|---|
| 1 | 全国医疗卫生机构数（个） | | | |
| 2 | | 2022年7月底 | 2023年7月底 | 增减数 |
| 3 | 医疗卫生机构合计 | 959872 | 980199 | 20327 |
| 4 | 一、医院 | 23894 | 25108 | 1214 |
| 5 | 按经济类型分 | | | |
| 6 | 公立医院 | 13414 | 13371 | -43 |
| 7 | 民营医院 | 10480 | 11737 | 1257 |
| 8 | 按医院等级分 | | | |
| 9 | 三级医院 | 1692 | 1851 | 159 |
| 10 | 二级医院 | 6626 | 6722 | 96 |
| 11 | 一级医院 | 6173 | 6684 | 511 |
| 12 | 未定级医院 | 9403 | 9851 | 448 |
| 13 | 二、基层医疗卫生机 | 921111 | 920128 | -983 |
| 14 | 社区卫生服务中心 | 34165 | 34198 | 33 |
| 15 | 乡镇卫生院 | 37006 | 36965 | -41 |
| 16 | 诊所 | 182471 | 187365 | 4894 |
| 17 | 村卫生室 | | 649744 | -6563 |
| 18 | 三、专业公共卫生机 | 12418 | 31783 | 19365 |
| 19 | 疾病预防控制中心 | 3499 | 3495 | -4 |
| 20 | 妇幼保健机构 | 3055 | 3129 | 74 |
| 21 | 专科疾病防治机构 | 1282 | 1266 | -16 |
| 22 | 卫生监督所 | 2449 | 3089 | -147 |

图 2　套题 2-2 样张效果

3．打开素材文件“d:\data\广角摄影器材公司销售管理表.xlsx”，按照试题要求完成表格编辑。

（1）使用 LOOKUP 函数依据工作表中给出的“商品单价”表格数据填充“广角摄影器材公司销售管理表”表中“销售单价”列数据。

（2）计算“销售金额”列数据，“销售金额”=“销售单价”×“销售数量”。

（3）使用条件求和函数计算“商品汇总”表中各商品的“进货数量”列数据。

（4）使用条件求和函数计算“商品汇总”表中各商品的“销售数量”列数据。

（5）套题 2-3 样张效果如图 3 所示。

| 广角摄影器材公司销售管理表 | | | | | |
|---|---|---|---|---|---|
| 日期 | 商品名称 | 进货数量 | 销售数量 | 销售单价 | 销售金额 |
| 2023-8-6 | Canon/佳能 SX510 | 15 | 13 | 1155 | 15015 |
| 2023-8-7 | Canon/佳能 SX700 | 15 | 13 | 1802 | 23426 |
| 2023-8-8 | Sony/索尼 DSC-H400 | 15 | 13 | 1744 | 22672 |
| 2023-8-9 | ujtfilm/富士 BS35EXR | 4 | 2 | 1672 | 3344 |
| 2023-8-10 | Canon/佳能 SX510 | 15 | 13 | 1155 | 15015 |
| 2023-8-11 | Canon/佳能 SX700 | 15 | 13 | 1802 | 23426 |
| 2023-8-18 | Sony/索尼 DSC-H400 | 15 | 13 | 1744 | 22672 |
| 2023-8-19 | ujtfilm/富士 BS35EXR | 15 | 13 | 1672 | 21736 |
| 2023-8-20 | Canon/佳能 SX510 | 4 | 2 | 1155 | 2310 |
| 2023-8-21 | Canon/佳能 SX700 | 15 | 13 | 1802 | 23426 |
| 2023-8-22 | Sony/索尼 DSC-H400 | 15 | 13 | 1744 | 22672 |
| 2023-8-23 | Canon/佳能 SX510 | 15 | 13 | 1155 | 15015 |
| 2023-8-24 | Canon/佳能 SX700 | 15 | 13 | 1802 | 23426 |
| 2023-8-25 | Sony/索尼 DSC-H400 | 15 | 13 | 1744 | 22672 |
| 2023-8-26 | Canon/佳能 SX510 | 15 | 13 | 1155 | 15015 |
| 2023-8-5 | Canon/佳能 SX700 | 15 | 13 | 1802 | 23426 |
| 2023-8-6 | Sony/索尼 DSC-H400 | 4 | 2 | 174 | 348 |
| 2023-8-7 | ujtfilm/富士 BS35EXR | 15 | 13 | 1672 | 21736 |
| 2023-8-8 | ujtfilm/富士 BS35EXR | 11 | 9 | 1672 | 15048 |

| 商品单价 | |
|---|---|
| 相机品牌 | 单价 |
| Canon/佳能 SX510 | 1155 |
| Canon/佳能 SX700 | 1802 |
| Sony/索尼 DSC-H400 | 1744 |
| ujtfilm/富士 BS35EXR | 1672 |

| 序号 | 商品名称 | 进货数量 | 销售数量 |
|---|---|---|---|
| 1 | Canon/佳能 SX510 | 64 | 54 |
| 2 | Canon/佳能 SX700 | 75 | 65 |
| 3 | Sony/索尼 DSC-H400 | 64 | 54 |
| 4 | ujtfilm/富士 BS35EXR | 45 | 37 |

图 3　套题 2-3 样张效果

4. 打开素材文件“d:\data\参加疗养人员名单.xlsx”，按照试题要求完成数据的分析和处理。

（1）对“名单”工作表以“集合地点”为主关键字升序，“部门”为次关键字升序排序。

（2）在“筛选”工作表中应用自动筛选功能，筛选出在集合地点 A 处集合的“性别”为“女”的记录。

（3）参照样张，对“统计”工作表应用数据透视表统计功能，对各“部门”按“集合地点”汇总。

（4）套题 2-4 样张效果如图 4 所示。

参加疗养人员名单

| 部门 | 姓名 | 性别 | 政治面貌 | 身份证号 | 集合地点 | 备注 |
|---|---|---|---|---|---|---|
| 经营预算 | 张祥生 | 女 | 团员 | 22213519850506**** | 集合地点B | |
| 办公室 | 邱继勇 | 男 | 群众 | 22223219870502**** | 集合地点A | |
| 办公室 | 孙晓红 | 女 | 群众 | 23586919780523**** | 集合地点A | |
| 开发部 | 孙永学 | 男 | 党员 | 89548319901226**** | 集合地点A | |
| 开发部 | 汪凯 | 男 | 党员 | 22012119630923**** | 集合地点A | |
| 办公室 | 王春梅 | 男 | 群众 | 35206519760921**** | 集合地点A | |
| 财务部 | 王金宏 | 男 | 群众 | 23456919870507**** | 集合地点B | |
| 财务部 | 王维 | 男 | 团员 | 25687119830607**** | 集合地点B | |
| 开发部 | 吴宏远 | 女 | 群众 | 22012119870117**** | 集合地点A | |
| 人力资源部 | 杨淑凤 | 女 | 党员 | 22018919921112**** | 集合地点A | |
| 人力资源部 | 姚偲迪 | 女 | 群众 | 22012119791102**** | 集合地点A | |
| 开发部 | 殷树森 | 男 | 党员 | 22012119850122**** | 集合地点A | |
| 开发部 | 俞光平 | 女 | 群众 | 22087519850102**** | 集合地点A | |
| 办公室 | 张宝君 | 男 | 党员 | 25461419751225**** | 集合地点A | |
| 财务部 | 张大户 | 女 | 党员 | 35987119811219**** | 集合地点B | |
| 开发部 | 张方学 | 男 | 党员 | 56478219911015**** | 集合地点A | |
| 开发部 | 张敏霞 | 男 | 群众 | 58475619890608**** | 集合地点A | |
| 人力资源部 | 郑秀敏 | 男 | 团员 | 22012119741112**** | 集合地点A | |
| 办公室 | 周亿 | 男 | 群众 | 65895419850504**** | 集合地点A | |

| 计数项:姓名 | 列标签 | | |
|---|---|---|---|
| 行标签 | 集合地点A | 集合地点B | 总计 |
| 办公室 | 5 | | 5 |
| 财务部 | | 3 | 3 |
| 经营预算 | | 1 | 1 |
| 开发部 | 7 | | 7 |
| 人力资源部 | 3 | | 3 |
| 总计 | 15 | 4 | 19 |



图 4　套题 2-4 样张效果

5．打开素材文件“d:\data\办公设备管理.xlsx”，按照试题要求编辑图表。

（1）参照样张，更改图例位置为底部。

（2）删除图表分类轴中的“合计”类。

（3）设置图表样式为“样式 15”。

（4）设置图表标题为“办公设备管理与分析”。

（5）套题 2-5 样张效果如图 5 所示。

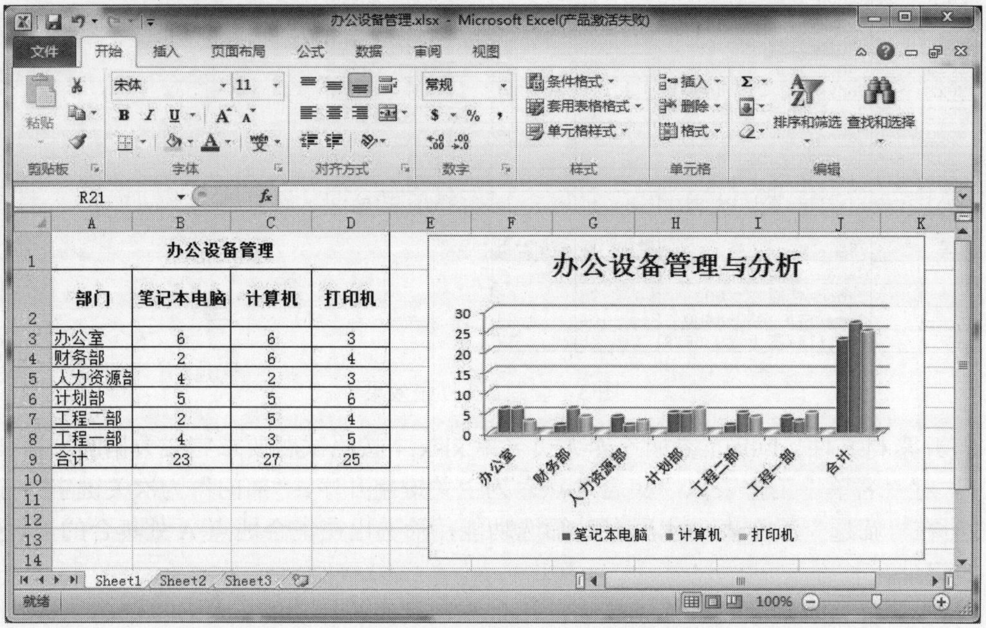


图 5　套题 2-5 样张效果

## 套题 3:

1．打开素材文件“d:\data\净流入排名表.xlsx”，按照试题要求完成表格编辑。

（1）删除 D 列。

（2）将 F 列应用自动序列填充，填入文本类型数据 1～27。

（3）对表格标题设置超链接，链接地址为 http://data.eastmoney.com/zjlx/，设置标题字号为 16。

（4）页面设置：纸张 A4、横向，左右页边距为 0.5 厘米，居中方式为“水平”“垂直”。

（5）设置打印标题行：第一行至第三行。

（6）删除工作表 Sheet2、Sheet3。

（7）保存电子表格文件，同时将文件另存为“d:\data\净流入排名表.pdf”。

（8）套题 3-1 样张效果如图 1 所示。

2．打开素材文件“d:\data\成绩单.xlsx”，按照试题要求完成工作表修饰。

（1）将表格应用套用表格格式“表样式浅色 4”。

（2）为表格标题添加批注“截至 2023 年 9 月 4 日”。

（3）取消网格线。

| A | B | C | D | E | F | G | H | I | J | K | L | M | N |
|---|---|---|---|---|---|---|---|---|---|---|---|---|---|
| 沪深股市主力净流入排名 | | | | | | | | | | | | | |
| 序号 | 代码 | 名称 | 最新价 | 今日排行榜 | | | 5日排行榜 | | | 10日排行榜 | | | 所属板块 |
| | | | | 主力净占比 | 今日排名 | 今日涨跌 | 主力净占比 | 5日排名 | 5日涨跌 | 主力净占比 | 10日排名 | 10日涨跌 | |
| 1 | 600917 | N重创 | 4.68 | 90.43% | | 44.00% | 90.43% | 2 | 0.00% | 90.43% | 2 | 0.00% | |
| 2 | 600381 | *ST贤成 | 17.59 | 85.42% | | 5.04% | 85.42% | 4 | 745.67% | 85.42% | 4 | 745.67% | 煤炭采选 |
| 3 | 000158 | 常山股份 | 5.98 | 79.90% | | 9.93% | 79.90% | 5 | 9.93% | 79.90% | 5 | 9.93% | 纺织服装 |
| 4 | 601016 | 节能风电 | 3.43 | 79.75% | | 9.94% | 92.48% | 1 | 9.93% | 92.48% | 1 | 9.93% | |
| 5 | 000815 | 美利纸业 | 6.25 | 77.75% | | 10.04% | 73.25% | 6 | 33.26% | 73.25% | 6 | 33.26% | 造纸印刷 |
| 6 | 603306 | 华恩科技 | 21.05 | 71.07% | | 9.98% | 85.60% | 3 | 20.98% | 85.60% | 3 | 20.98% | |
| 7 | 000547 | 闽福发A | 11.65 | 65.50% | | 10.01% | 59.41% | 10 | 61.13% | 58.85% | 10 | 93.52% | 通信行业 |
| 8 | 600862 | 南通科技 | 6.49 | 64.20% | | 10.00% | 65.51% | 7 | 61.04% | 66.42% | 7 | 114.19% | 机械行业 |
| 9 | 600419 | 天润乳业 | 20.64 | 60.75% | | 10.20% | 64.20% | 8 | 10.02% | 64.20% | 8 | 10.02% | 造纸印刷 |
| 10 | 600973 | 宝胜股份 | 8.91 | 58.15% | | 10.00% | 60.75% | 9 | 10.00% | 60.75% | 9 | 10.00% | 输配电气 |
| 11 | 601669 | 中国电建 | 2.92 | 53.78% | | 10.19% | 58.15% | 11 | 4.66% | 58.15% | 11 | 4.66% | 工程建设 |
| 12 | 600560 | 昆百大A | 9.27 | 47.44% | | 9.96% | 53.78% | 12 | 8.68% | 53.78% | 12 | 8.68% | 商业百货 |
| 13 | 000676 | 思达高科 | 8.03 | 47.41% | | 10.00% | 10.97% | 49 | 12.62% | 2.43% | 347 | 16.72% | 仪器仪表 |
| 14 | 000998 | 隆平高科 | 15.07 | 44.86% | | 10.00% | 47.41% | 13 | | 47.41% | 13 | -45.20% | 农牧饲渔 |
| 15 | 300369 | 绿萌科技 | 67.4 | 41.73% | | 10.00% | 44.86% | 14 | | 44.86% | 14 | 10.00% | |
| 16 | 000564 | 西安民生 | 5.49 | 35.61% | | 10.02% | 42.29% | 15 | | 42.29% | 15 | 20.13% | 商业百货 |
| 17 | 600093 | 禾真股份 | 10.19 | 33.00% | | 10.04% | 41.77% | 16 | | 41.77% | 16 | 46.62% | 汽车行业 |
| 18 | 000682 | 东方电子 | 4.83 | 17.00% | | 10.02% | 18.10% | 23 | 18.97% | 11.24% | 33 | 20.75% | 电子元件 |
| 19 | 002047 | 宝藤股份 | 5.47 | 31.05% | | 10.06% | 31.05% | 17 | 10.06% | 31.05% | 18 | 10.06% | 水泥建材 |
| 20 | 300215 | 电科院 | 10.15 | 29.55% | | 9.97% | 11.68% | 41 | 14.43% | 6.78% | 97 | 15.21% | 输配电气 |
| 21 | 002449 | 国星光电 | 11.75 | 59.54% | | 10.02% | 29.54% | 18 | 10.02% | 29.54% | 19 | 10.02% | 电子元件 |
| 22 | 600601 | 方正科技 | 4.75 | 28.78% | | 9.95% | 18.75% | 22 | 17.87% | 12.16% | 29 | 14.46% | 电子信息 |
| 23 | 602369 | 卓翼科技 | 12.3 | 27.69% | | 10.02% | 10.99% | 47 | 12.53% | 5.56% | 122 | 14.74% | 电子信息 |
| 24 | 900356 | 东贝 B股 | 0.94 | 27.28% | | 0.53% | 11.09% | 46 | 5.03% | 7.25% | 85 | 3.87% | 沪市B股 |
| 25 | 000036 | 华联控股 | 4.35 | 24.82% | | 4.32% | 0.40% | 803 | 4.07% | 0.07% | 763 | 8.45% | 房地产 |
| 26 | 002546 | 新联电子 | 15.1 | 24.07% | | 3.42% | 5.19% | 238 | 5.08% | 8.17% | 67 | 13.11% | 输配电气 |
| 27 | 600265 | ST景谷 | 13.35 | 23.41% | | 5.04% | 9.57% | 67 | 7.40% | 2.04% | 389 | 12.66% | 木业家具 |

图 1　套题 3-1 样张效果

（4）设置表格各行行高为 25 磅，B 列列宽为 14 磅，其余各列列宽为 7 磅。

（5）应用条件格式，对奖牌总数前 10 名的数据使用红色边框显示。

（6）套题 3-2 样张效果如图 2 所示。

| 序号 | 学号 | 姓名 | 语文 | 数学 | 英语 | 总成绩 |
|---|---|---|---|---|---|---|
| 1 | 2230101101 | 杨隽男 | 94 | 95 | 88 | 277 |
| 2 | 2230101102 | 杨东旭 | 88 | 88 | 86 | 262 |
| 3 | 2230101103 | 刘先富 | 89 | 91 | 90 | 269 |
| 4 | 2230101104 | 高治发 | 70 | 63 | 94 | 227 |
| 5 | 2230101105 | 姜丽丽 | 81 | 83 | 78 | 242 |
| 6 | 2230101106 | 胡道明 | 75 | 77 | 85 | 237 |
| 7 | 2230101107 | 李兴龙 | 69 | 77 | 91 | 236 |
| 8 | 2230101108 | 郭昊林 | 59 | 57 | 65 | 181 |
| 9 | 2230101109 | 姜　超 | 88 | 95 | 100 | 283 |
| 10 | 2230101110 | 王平 | 85 | 95 | 95 | 275 |
| 11 | 2230101111 | 赵恺 | 88 | 90 | 88 | 266 |
| 12 | 2230101112 | 高明旭 | 89 | 88 | 85 | 262 |
| 13 | 2230101113 | 李春凤 | 95 | 86 | 80 | 261 |
| 14 | 2230101114 | 张凯利 | 91 | 75 | 78 | 244 |
| 15 | 2230101115 | 孙淑芳 | 79 | 65 | 75 | 219 |

图 2　套题 3-2 样张

3．打开素材文件“d:\data\计算机办公系统成绩表.xlsx”，按照试题要求完成数据计算。

（1）计算“总分”，“总分”=“平时成绩”×10%+“笔试成绩”×40%+“上机成绩”×50%。

（2）计算“综合评定”，总分在 90 分以上（含 90 分）为“优”，90 分以下（含 80 分）为“良”，80 分以下 60 分以上（含 60 分）为“及格”，低于 60 分为“不及格”。

（3）在“最高分”行分别计算“平时成绩”“笔试成绩”“上机成绩”“总分”列数据的最大值。

（4）在“最低分”行分别计算“平时成绩”“笔试成绩”“上机成绩”“总分”列数据的最小值。

（5）套题 3-3 样张效果如图 3 所示。

| | A | B | C | D | E | F | G |
|---|---|---|---|---|---|---|---|
| 1 | 计算机办公系统成绩表 | | | | | | |
| 2 | | | | | | | |
| 3 | 序号 | 姓名 | 平时成绩 | 笔试成绩 | 上机成绩 | 总分 | 综合评定 |
| 4 | 1 | 张明 | 84 | 90 | 65 | 76.9 | 及格 |
| 5 | 2 | 刘旭 | 89 | 95 | 84 | 88.9 | 良 |
| 6 | 3 | 李宝明 | 39 | 45 | 70 | 56.9 | 不及格 |
| 7 | 4 | 赵丽 | 74 | 80 | 85 | 81.9 | 良 |
| 8 | 5 | 刘飞 | 79 | 94 | 92 | 91.5 | 优 |
| 9 | 6 | 马克 | 79 | 85 | 90 | 86.9 | 良 |
| 10 | 7 | 胡红 | 74 | 80 | 90 | 84.4 | 良 |
| 11 | 8 | 林晓飞 | 84 | 90 | 90 | 89.4 | 良 |
| 12 | 9 | 周慧敏 | 69 | 75 | 72 | 72.9 | 及格 |
| 13 | 10 | 张晓华 | 84 | 90 | 84 | 86.4 | 良 |
| 14 | 11 | 李明 | 74 | 80 | 75 | 76.9 | 及格 |
| 15 | 12 | 宋玉明 | 64 | 70 | 76 | 72.4 | 及格 |
| 16 | 13 | 赵晓雪 | 84 | 90 | 94 | 91.4 | 优 |
| 17 | 14 | 刘红艳 | 74 | 80 | 94 | 86.4 | 良 |
| 18 | 15 | 苏兰 | 84 | 90 | 75 | 81.9 | 良 |
| 19 | 最高分 | | 89 | 95 | 94 | 91.5 | |
| 20 | 最低分 | | 39 | 45 | 65 | 56.9 | |

图 3　套题 3-3 样张效果

4．打开素材文件“d:\data\物业公司工程技术人员信息.xlsx”，按照试题要求完成数据的分析和处理。

（1）在“信息”工作表中，将单元格区域 A3:J26 转换为表格。

（2）以“岗位”为主关键字升序、“工作年限”为次关键字降序排列。

（3）在“筛选”工作表中应用“自动筛选”功能，筛选出“岗位”为“水暖工程师”且“工作年限”≥4 的记录。

（4）参照样张，在“汇总”工作表中，应用数据透视表统计功能，按“岗位”和“最高学历”进行汇总，透视表的起始位置为当前工作表中 L3 单元格。

（5）套题 3-4 样张效果如图 4 所示。

5．打开素材文件“d:\data\药品销售统计表.xlsx”，按照试题要求制作图表：

（1）参照样张，根据“药品销售统计表”中数据制作复合饼图。

（2）图表位置为 D1:K23。

物业公司工程技术人员信息

| 序号 | 姓名 | 岗位 | 性别 | 出生日期 | 工作年限 | 户口 | 毕业院校 | 专业名称 | 最高学历 |
|---|---|---|---|---|---|---|---|---|---|
| 1 | 常萍萍 | 建筑设计工程师 | 女 | 1985-3-1 | 4 | 北京 | 北京工业大学 | 土木工程 | 本科 |
| 2 | 于文证 | 建筑设计工程师 | 男 | 1987-1-1 | 5 | 沈阳 | 东北大学 | 环境艺术设计 | 本科 |
| 3 | 曹永亮 | 建筑设计工程师 | 男 | 1978-2-1 | 10 | 绥化 | 哈尔滨工业大学 | 工民建 | 本科 |
| 4 | 徐秀瑞 | 建筑设计工程师 | 男 | 1988-1-1 | 5 | 山东省 | 沈阳建筑大学 | 土木工程 | 本科 |
| 5 | 张莹 | 建筑设计工程师 | 女 | 1984-5-1 | 5 | 北京 | 北京科技大学 | 土木工程 | 本科 |
| 6 | 郑东明 | 建筑设计工程师 | 男 | 1986-7-1 | 3 | 福州 | 湖北孝感学院 | 建筑工程 | 本科 |
| 7 | 王训 | 建筑设计工程师 | 男 | 1977-5-1 | 10 | 北京 | 中国矿业大学 | 土木工程 | 硕士 |
| 8 | 张春宇 | 建筑设计工程师 | 女 | 1985-5-7 | 3 | 潍坊 | 森山大学里仁学院 | 土木工程 | 本科 |
| 9 | 刘梦媛 | 水暖工程师 | 男 | 1985-8-5 | 5 | 保定 | 湖北农业大学 | 城市规划 | 本科 |
| 10 | 李超 | 水暖工程师 | 男 | 1983-10-7 | 7 | 保定 | 中国地质大学 | 工程管理 | 硕士 |
| 11 | 白光宇 | 水暖工程师 | 男 | 1984-11-9 | 3 | 承德 | 郑州大学 | 土木工程 | 硕士 |
| 12 | 郑宇 | 水暖工程师 | 男 | 1976-8-3 | 12 | 北京 | 北京建筑工程学院 | 土木工程 | 本科 |
| 13 | 周强 | 水暖工程师 | 男 | 1981-8-4 | 7 | 石家庄 | 石家庄铁道学院 | 工民建专业 | 硕士 |
| 14 | 冯书君 | 水暖工程师 | 男 | 1981-9-8 | 6 | 保定 | 华中科技大学 | 土木工程 | 本科 |
| 15 | 吕欣欣 | 水暖工程师 | 男 | 1981-9-14 | 12 | 淄博 | 清华大学 | 工程力学 | 本科 |
| 16 | 刘娜 | 水暖工程师 | 男 | 1979-11-1 | 3 | 呼和浩特 | 包豪斯魏玛大学 | 建筑学 | 硕士 |
| 17 | 吴建宏 | 水暖工程师 | 女 | 1983-8-16 | 5 | 大同 | 山西工学院 | 建筑学 | 本科 |
| 18 | 崔广涛 | 电气工程师 | 女 | 1976-2-12 | 10 | 邯郸 | 京安继续教育学院 | 机电一体化 | 本科 |
| 19 | 康英华 | 电气工程师 | 男 | 1982-5-19 | 9 | 北京 | 理工大学 | 电气及自动化 | 本科 |
| 20 | 李天强 | 电气工程师 | 男 | 1972-4-12 | 11 | 北京 | 北京钢铁学院分院 | 工业电气自动化专业 | 硕士 |
| 21 | 施立平 | 电气工程师 | 男 | 1983-7-18 | 6 | 北京 | 北京建筑工程学院 | 电气工程及自动化 | 本科 |
| 22 | 裴永君 | 电气工程师 | 男 | 1977-2-24 | 13 | 哈尔滨 | 哈尔滨理工大学 | 经济管理 | 本科 |
| 23 | 姚元 | 电气工程师 | 男 | 1970-10-25 | 11 | 北京 | 华中理工大学 | 电气工程及自动化 | 本科 |

| 计数项:姓名 | | |
|---|---|---|
| 岗位 | 最高学历 | 汇总 |
| ⊟电气工程师 | 本科 | 5 |
| | 硕士 | 1 |
| 电气工程师 汇总 | | 6 |
| ⊟建筑设计工程师 | 本科 | 7 |
| | 硕士 | 1 |
| 建筑设计工程师 汇总 | | 8 |
| ⊟水暖工程师 | 本科 | 5 |
| | 硕士 | 4 |
| 水暖工程师 汇总 | | 9 |
| 总计 | | 23 |

图 4　套题 3-4 样张效果

（3）设置图表标题为“药品销售统计表”，字体为隶书、加粗。

（4）设置图表标签为百分比。

（5）图例位置为底部。

（6）套题 3-5 样张效果如图 5 所示。

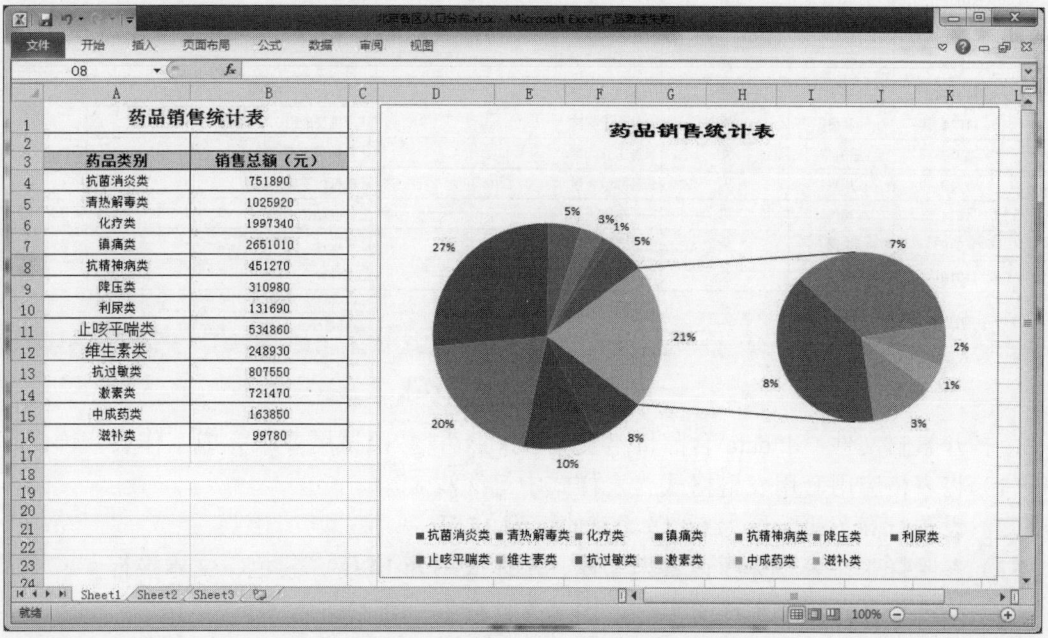



药品销售统计表

| 药品类别 | 销售总额（元） |
|---|---|
| 抗菌消炎类 | 751890 |
| 清热解毒类 | 1025920 |
| 化疗类 | 1997340 |
| 镇痛类 | 2651010 |
| 抗精神病类 | 451270 |
| 降压类 | 310980 |
| 利尿类 | 131690 |
| 止咳平喘类 | 534860 |
| 维生素类 | 248930 |
| 抗过敏类 | 807550 |
| 激素类 | 721470 |
| 中成药类 | 163850 |
| 滋补类 | 99780 |

图 5　套题 3-5 样张效果

**套题 4：**

1．打开素材文件“d:\data\专职教师信息统计表.xlsx”，按照试题要求完成表格编辑。

（1）删除 A 列，删除第二行。

（2）参照样张，在标题下方输入数据“（2022 年 9 月 25 日）”。

（3）设置打印标题行：第一行至第二行。

（4）设置打印纸张为 A4、横向，左右页边距为 0.9 厘米，上页边距为 1 厘米，下页边距为 0.5 厘米，居中方式为水平、垂直居中。

（5）将 Sheet1 工作表命名为“专职教师信息统计表”，删除工作表 Sheet2、Sheet3。

（6）将文件在“d:\data\”文件夹下另存为“专职教师信息统计表.pdf”。

（7）套题 4-1 样张效果如图 1 所示。

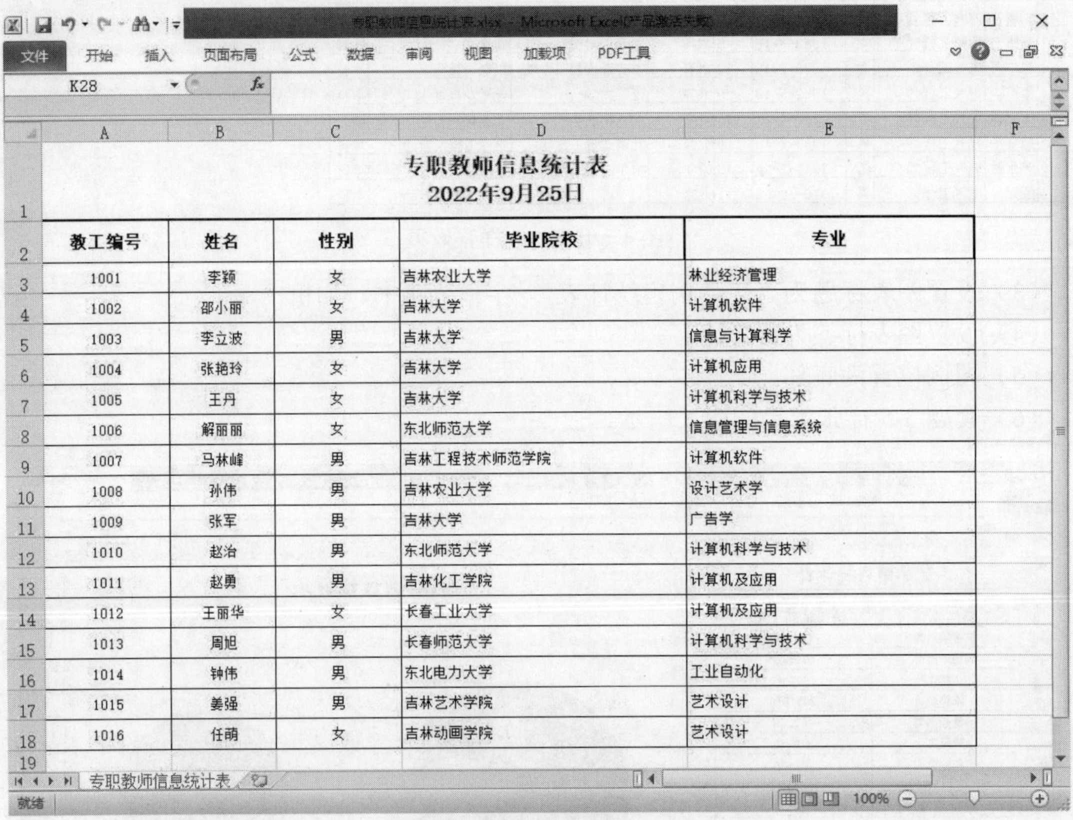
专职教师信息统计表
2022年9月25日

| 教工编号 | 姓名 | 性别 | 毕业院校 | 专业 |
|---|---|---|---|---|
| 1001 | 李颖 | 女 | 吉林农业大学 | 林业经济管理 |
| 1002 | 邵小丽 | 女 | 吉林大学 | 计算机软件 |
| 1003 | 李立波 | 男 | 吉林大学 | 信息与计算科学 |
| 1004 | 张艳玲 | 女 | 吉林大学 | 计算机应用 |
| 1005 | 王丹 | 女 | 吉林大学 | 计算机科学与技术 |
| 1006 | 解丽丽 | 女 | 东北师范大学 | 信息管理与信息系统 |
| 1007 | 马林峰 | 男 | 吉林工程技术师范学院 | 计算机软件 |
| 1008 | 孙伟 | 男 | 吉林农业大学 | 设计艺术学 |
| 1009 | 张军 | 男 | 吉林大学 | 广告学 |
| 1010 | 赵冶 | 男 | 东北师范大学 | 计算机科学与技术 |
| 1011 | 赵勇 | 男 | 吉林化工学院 | 计算机及应用 |
| 1012 | 王丽华 | 女 | 长春工业大学 | 计算机及应用 |
| 1013 | 周旭 | 男 | 长春师范大学 | 计算机科学与技术 |
| 1014 | 钟伟 | 男 | 东北电力大学 | 工业自动化 |
| 1015 | 姜强 | 男 | 吉林艺术学院 | 艺术设计 |
| 1016 | 任萌 | 女 | 吉林动画学院 | 艺术设计 |

图 1　套题 4-1 样张效果

2．打开素材文件“d:\data\食品价格变动表.xlsx”，按照试题要求完成工作表修饰。

（1）将表格应用套用表格格式“表样式中等深浅 8”。

（2）设置行高，第一行为 60 磅，其他行为 15 磅。

（3）参照样张，表格标题设置为黑体、字体大小为 14 磅、紫色、文本换行。

（4）为表格标题添加批注“来源：国家统计局”。

（5）应用条件格式，对“涨跌率（%）”列数据为负数的应用“红色文本”显示。

（6）套题 4-2 样张效果如图 2 所示。

| | 商品名称 | 规格等级 | 单位 | 本期价格 | 比上期价格涨跌（元） | 涨跌幅（%） |
|---|---|---|---|---|---|---|
| 3 | 大米 | 粳米 | 千克 | 6 | 0.01 | 0.2 |
| 4 | 面粉 | 富强粉 | 千克 | 5.62 | 0 | 0 |
| 5 | 面粉 | 标准粉 | 千克 | 4.55 | 0 | 0 |
| 6 | 豆制品 | 豆腐 | 千克 | 4.49 | 0 | 0 |
| 7 | 花生油 | 压榨一级 | 升 | 26.97 | 0.05 | 0.2 |
| 8 | 大豆油 | 5L桶装 | 升 | 10.61 | 0 | 0 |
| 9 | 菜籽油 | 一级散装 | 升 | 13.78 | 0.02 | 0.2 |
| 10 | 猪肉 | 猪肉后臀尖 | 千克 | 25.53 | 0.11 | 0.4 |
| 11 | 猪肉 | 五花肉 | 千克 | 25.49 | 0.13 | 0.5 |
| 12 | 牛肉 | 腿肉 | 千克 | 66.56 | 0.19 | 0.3 |
| 13 | 羊肉 | 腿肉 | 千克 | 65.51 | -0.01 | 0 |
| 14 | 鸡 | 白条鸡 | 千克 | 20.78 | 0.26 | 1.3 |
| 15 | 鸡 | 鸡胸肉 | 千克 | 21.47 | 0.15 | 0.7 |
| 16 | 鸭 | 白条鸭 | 千克 | 17.76 | 0.21 | 1.2 |
| 17 | 鸡蛋 | 散装鲜鸡蛋 | 千克 | 12.79 | 0.07 | 0.6 |
| 20 | 带鱼 | | 千克 | 31.14 | 0.13 | 0.4 |
| 21 | 大白菜 | | 千克 | 2.91 | -0.01 | -0.3 |
| 22 | 油菜 | | 千克 | 5.91 | 0.12 | 2.1 |
| 23 | 芹菜 | | 千克 | 5.39 | 0.04 | 0.8 |
| 24 | 黄瓜 | | 千克 | 4.4 | 0.17 | 4 |
| 25 | 西红柿 | | 千克 | 4.55 | -0.06 | -1.3 |
| 26 | 豆角 | | 千克 | 7.21 | 0 | 0 |
| 27 | 土豆 | | 千克 | 3.78 | -0.04 | -1.1 |

图 2　套题 4-2 样张效果

3．打开素材文件“d:\data\公司销售统计表.xlsx”，按照试题要求完成数据计算。

（1）计算“未收金额”列数据，“未收金额”=“签单金额”-“到账金额”。

（2）计算“到账率”列数据，“到账率”=“到账金额”/“签单金额”，以百分数表示。

（3）利用条件求和函数分别计算出王霞的“签单金额”“到账金额”“未收金额”。

（4）利用条件求和函数分别计算出李丽娜的“签单金额”“到账金额”“未收金额”。

（5）套题 4-3 样张效果如图 3 所示。

4．打开素材文件“d:\data\公司爱心捐款明细表.xlsx”，按试题要求完成数据的分析和处理。

（1）在“明细”工作表中，将单元格区域 A2:F19 转换为表格。

（2）为表格添加汇总行，对“姓名”列计数，“金额”列求和汇总。

（3）对“筛选”工作表应用自动筛选功能，显示“政治面貌”不是“党员”的记录。

（4）参照样张，对“汇总”工作表应用数据透视表功能，对各“部室”的捐款“金额”进行汇总。

（5）套题 4-4 样张效果如图 4 所示。

公司销售统计表

| 日期 | 销售员 | 签单金额 | 到账金额 | 未收金额 | 到账率 |
|---|---|---|---|---|---|
| 2023-1-27 | 白静 | 4500 | 4000 | 500 | 89% |
| 2023-1-30 | 王霞 | 7000 | 5000 | 2000 | 71% |
| 2023-2-17 | 李岩 | 2800 | 2800 | 0 | 100% |
| 2023-3-9 | 李丽娜 | 6500 | 4800 | 1700 | 74% |
| 2023-3-20 | 王霞 | 6000 | 4500 | 1500 | 75% |
| 2023-3-27 | 李丽娜 | 3600 | 3600 | 0 | 100% |
| 2023-3-29 | 李岩 | 9300 | 5000 | 4300 | 54% |
| 2023-4-13 | 李丽娜 | 8500 | 4500 | 4000 | 53% |
| 2023-4-17 | 王霞 | 6800 | 3000 | 3800 | 44% |
| 2023-4-19 | 李丽娜 | 8000 | 6000 | 2000 | 75% |
| 2023-5-3 | 王霞 | 9000 | 7500 | 1500 | 83% |
| 2023-5-9 | 李岩 | 8500 | 7000 | 1500 | 82% |
| 2023-5-11 | 李岩 | 12000 | 8000 | 4000 | 67% |
| 2023-5-30 | 李岩 | 4000 | 3000 | 1000 | 75% |

| | 销售员 | 签单金额 | 到账金额 | 未收金额 |
|---|---|---|---|---|
| 汇总 | 王霞 | 28800 | 20000 | 8800 |
| | 李丽娜 | 26600 | 18900 | 7700 |

图 3　套题 4-3 样张效果

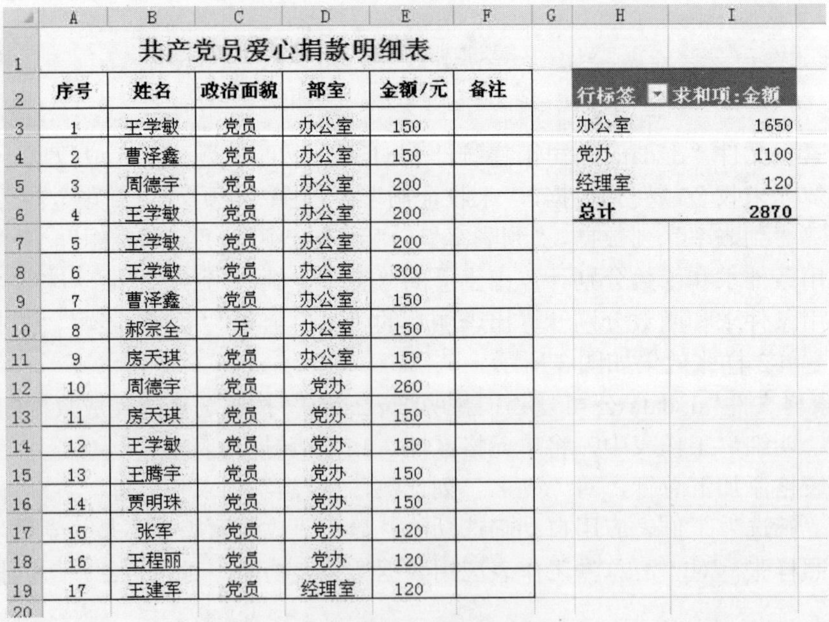

共产党员爱心捐款明细表

| 序号 | 姓名 | 政治面貌 | 部室 | 金额/元 | 备注 |
|---|---|---|---|---|---|
| 1 | 王学敏 | 党员 | 办公室 | 150 | |
| 2 | 曹泽鑫 | 党员 | 办公室 | 150 | |
| 3 | 周德宇 | 党员 | 办公室 | 200 | |
| 4 | 王学敏 | 党员 | 办公室 | 200 | |
| 5 | 王学敏 | 党员 | 办公室 | 200 | |
| 6 | 王学敏 | 党员 | 办公室 | 300 | |
| 7 | 曹泽鑫 | 党员 | 办公室 | 150 | |
| 8 | 郝宗全 | 无 | 办公室 | 150 | |
| 9 | 房天琪 | 党员 | 办公室 | 150 | |
| 10 | 周德宇 | 党员 | 党办 | 260 | |
| 11 | 房天琪 | 党员 | 党办 | 150 | |
| 12 | 王学敏 | 党员 | 党办 | 150 | |
| 13 | 王腾宇 | 党员 | 党办 | 150 | |
| 14 | 贾明珠 | 党员 | 党办 | 150 | |
| 15 | 张军 | 党员 | 党办 | 120 | |
| 16 | 王程丽 | 党员 | 党办 | 120 | |
| 17 | 王建军 | 党员 | 经理室 | 120 | |

| 行标签 | 求和项:金额 |
|---|---|
| 办公室 | 1650 |
| 党办 | 1100 |
| 经理室 | 120 |
| 总计 | 2870 |

图 4　套题 4-4 样张效果

5．打开素材文件“d:\data\年度人口状况分析.xlsx”，按照试题要求制作图表。

（1）参照样张，根据“年度人口状况分析”表中数据，制作簇状柱形图。

（2）图表位置为 A8:H26。

（3）设置图表标题为“年度人口状况分析”。

（4）设置图表布局为“布局 3”。

（5）设置图表样式为“样式 26”。

（6）套题 4-5 样张效果如图 5 所示。

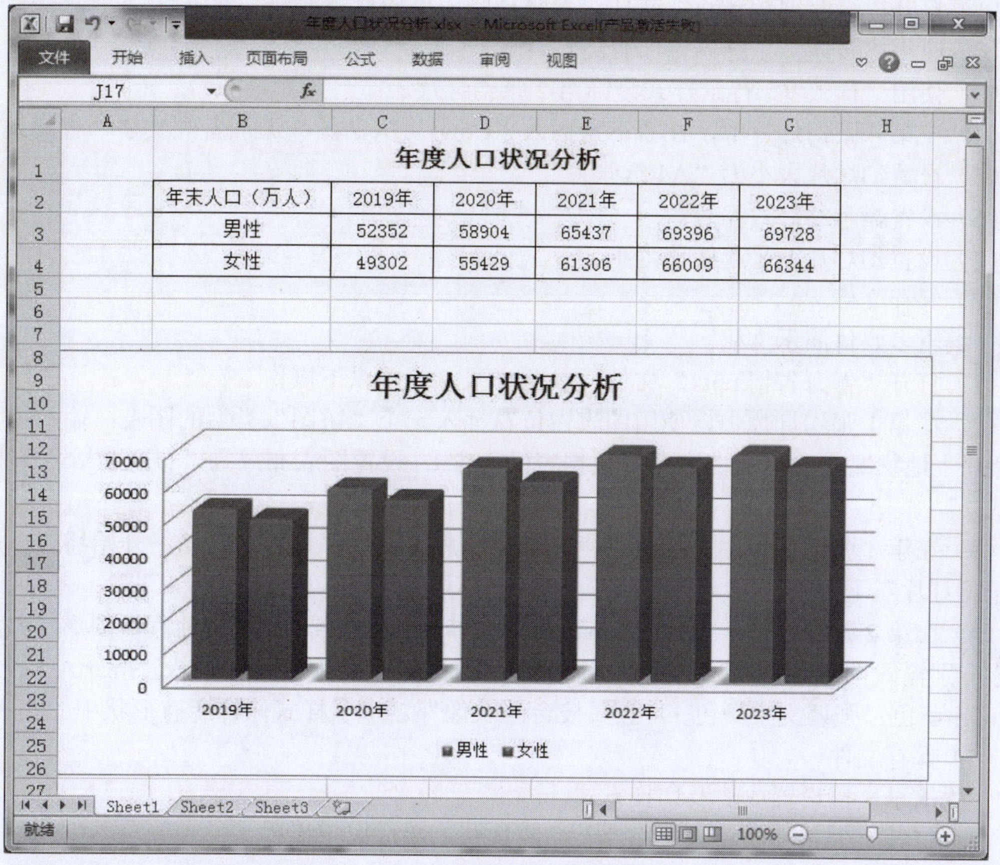


图 5　套题 4-5 样张效果

# 学习项目九　演示文稿软件 PowerPoint 应用

## 套题 1:

1．创建与编辑演示文稿。

（1）新建一个“空白演示文稿”，再添加 3 张新幻灯片。

（2）参照样张，编辑 4 张幻灯片，幻灯片的内容可使用“青海省.docx”文档中提供的文字，副标题和幻灯片的标题需录入。

（3）参照样张，在第 1 张幻灯片中，设置标题文字为隶书、60 号字、自定义颜色 RGB（0,0,255）；设置副标题文字右对齐。

（4）参照样张，在第 2 张幻灯片中，设置文本项目符号为“□”；将正文中面积的单位“平方公里”改为“$km^2$”。

（5）参照样张，在第 4 张幻灯片中，设置文本正文为标准色中的橙色、加粗、1.5 倍行距。

（6）将演示文稿保存为“答案 01.pptx”，并以同名另存为“PDF”类型的文件。

2．修饰美化演示文稿。

（1）打开“青海地貌.pptx”文件，参照样张，完成以下操作。

（2）应用“跋涉”主题修饰所有幻灯片。

（3）使用“样式 9”背景样式修饰第 2 张幻灯片。

（4）在第 4 张幻灯片中，在右下角插入“Cows”剪贴画；添加备注文字“青海地形”。

（5）设置幻灯片大小为“A4 纸张”。

（6）设置显示幻灯片编号。

（7）设置幻灯片编号起始值为 11。

（8）保存文件。

3．编辑多媒体演示文稿。

（1）打开“青海省情.pptx”文件，参照样张，完成以下操作。

（2）在第 1 张幻灯片中，使用图表占位符插入一个“饼图”类型的图表；输入图表内容（使用“土地状况.docx”文档中所附数据表的内容）；设置图表布局为“布局 2”，图表样式为“样式 2”。

（3）在第 1 张幻灯片中，插入“声音.mp3”声音文件，设置“自动”开始播放，声音图标置于幻灯片左下方。

（4）在第 2 张幻灯片中，使用 SmartArt 占位符插入一个“连续块流程”图形，添加一个形状，分别输入“冬虫夏草”“沙果”“柴杞”“青稞酒”，设置“细微效果”SmartArt 样式，选取“填充-蓝色，强调文字颜色 1，金属棱台，映像”艺术字样式修饰所有形状中的文字。

（5）保存文件。

4．为演示文稿设置放映及切换方式。

（1）打开“青海气候.pptx”文件，参照样张，完成以下操作。

（2）在第 2 张幻灯片中，将左侧文本设置为“飞入”进入的动画效果，其效果选项设为“自左侧”方向、“风铃”声音、按“字母”组合文本；设置右侧图片为“回旋”进入的动画效果，并设置从“上一动画之后”开始、重复两次。

（3）在第 4 张幻灯片的下部，添加一个“开始”动作按钮。

（4）设置所有幻灯片的切换为“擦除”，持续时间为 2 秒。

（5）在放映时，使用标准色红色“荧光笔”在第 1 张幻灯片标题下方划一横线标注，并保留墨迹。

（6）保存文件。

5．综合应用。

（1）打开“青海旅游.pptx”文件，参照样张，完成以下操作。

（2）将“青海旅游_1.pptx”文件中的第 2～4 张幻灯片，选择保留源格式，插入打开的演示文稿第 1 张幻灯片之后。

（3）在幻灯片母版视图中，删除未被使用的母版；在幻灯片第 2～4 张使用的相应版式母版中，将文本框的填充设置为 20%图案填充效果。

（4）在第 3 张幻灯片中，将图片格式设置为发光，具体发光效果为第三行的蓝色发光变体。

（5）保存文件。

**套题 2：**

1．创建与编辑演示文稿。

（1）新建一个“空白演示文稿”，再添加 3 张新幻灯片。

（2）参照样张，编辑 4 张幻灯片，幻灯片的内容可使用“黑龙江省.docx”文档中提供的文字，副标题和幻灯片的标题需录入。

（3）参照样张，在第 1 张幻灯片中，设置标题文字为楷体、字体大小为 80 磅，设置副标题文字右对齐，自定义颜色为 RGB（0,255,0）。

（4）参照样张，在第 2 张幻灯片中，设置文本项目符号，段前间距为 9 磅，多倍行距设置值为 1.4。

（5）参照样张，在第 3 张幻灯片中，设置文本正文为标准色中的浅蓝色、斜体。

（6）参照样张，给第 4 张幻灯片标题加批注“温带季风”。

（7）将演示文稿保存为“答案 01.pptx”，并以同名另存为 PDF 类型的文件。

2．修饰美化演示文稿。

（1）打开“历史沿革.pptx”文件，参照样张，完成以下操作。

（2）应用“沉稳”主题修饰所有幻灯片。

（3）设置第 2 张幻灯片背景为渐变填充，具体为“暮霭沉沉”预设颜色、“射线”类型，并设置隐藏背景图形。

（4）在第 4 张幻灯片中，添加备注文字“当前行政区划”。

（5）设置幻灯片大小为“A4 纸张”。

（6）设置所有幻灯片页脚为“历史沿革”。

（7）设置幻灯片编号起始值为 11。

（8）保存文件。

3．编辑多媒体演示文稿。

（1）打开“黑龙江天然湿地.pptx”文件，参照样张，完成以下操作。

（2）在第 1 张幻灯片中，使用 SmartArt 占位符插入一个“射线群集循环”图形，添加一个形状，分别输入“三江平原”“松嫩平原”“大小兴安岭”“东部山区”，设置“优雅”SmartArt 样式，选取“填充-白色，背景 1，金属棱台”艺术字样式修饰形状中的所有文字。

（3）在第 2 张幻灯片中，使用图表占位符插入一个“分离型饼图”类型的图表；输入图表内容（使用“湿地状况.docx”文档中所附数据表的内容）；设置图表布局为“布局 6”，图表样式为“样式 18”。

（4）在第 2 张幻灯片中，插入“声音.mp3”声音文件，设置“自动”开始播放，声音图标置于幻灯片右下方。

（5）保存文件。

4．为演示文稿设置放映及切换方式。

（1）打开“五大连池.pptx”文件，参照样张，完成以下操作。

（2）在第1张幻灯片的下部，添加一个“结束”动作按钮。

（3）在第3张幻灯片中，将上侧文本设置为“劈裂”进入的动画效果，其效果选项设为“中央向左右展开”方向、“风铃”声音、按“字/词”组合文本；设置下侧图片为“飞旋”进入的动画效果，并设置从“上一动画之后”开始、重复2次。

（4）设置所有幻灯片的切换为“推进”，持续时间为2秒。

（5）在放映时，使用标准色蓝色“笔”在第1张幻灯片中将动作按钮划一圈形标注，并保留墨迹。

（6）保存文件。

5．综合应用。

（1）打开“旅游资源.pptx”文件，参照样张，完成以下操作。

（2）将“旅游资源_1.pptx”文件中的第1、2张幻灯片，选择保留源格式，插入打开的演示文稿第1张幻灯片之后。

（3）在幻灯片母版视图中，删除未被使用的母版；在第2～3张幻灯片使用的相应版式母版中，将标题框的填充设置为“小网格”图案填充效果。

（4）在第4张幻灯片中，将图片格式设置为柔化边缘，具体柔化边缘效果为预置25磅。

（5）保存文件。

**套题3：**

1．创建与编辑演示文稿。

（1）新建一个“空白演示文稿”，再添加3张新幻灯片。

（2）参照样张，编辑4张幻灯片，幻灯片的内容可使用“兴凯湖自然保护区.docx”文档中提供的文字，副标题和幻灯片的标题需录入。

（3）参照样张，在第1张幻灯片中，设置标题文字为仿宋、54号字，设置副标题文字左对齐，自定义颜色为RGB（0,180,0）。

（4）参照样张，在第2张幻灯片中，设置文本正文段前间距为5磅，多倍行距设置值为1.1。

（5）参照样张，在第3张幻灯片中，将文本正文后三个段落增加一级缩进；设置文本正文为标准色中的浅蓝色。

（6）参照样张，在第4张幻灯片中，将文本正文方向设置为竖排。

（7）将演示文稿保存为“答案01.pptx”，并以同名另存为PPT类型的文件。

2．修饰美化演示文稿。

（1）打开“兴凯湖.pptx”文件，参照样张，完成以下操作。

（2）应用“波形”主题修饰所有幻灯片。

（3）使用“样式7”背景样式修饰第2张幻灯片，并设置隐藏背景图形。

（4）在第2张幻灯片中，添加备注文字“兴凯湖原为中国内湖”。

（5）在第3张幻灯片中设置页脚为“现在为中俄界湖”。

（6）设置幻灯片大小为“35毫米幻灯片”，备注页方向为横向。

（7）设置幻灯片编号起始值为6。

（8）保存文件。

3．编辑多媒体演示文稿。

（1）打开“兴凯湖动物种类.pptx”文件，参照样张，完成以下操作。

（2）在第1张幻灯片中，使用表格占位符插入一个4行4列的表格，输入表格内容（使用“动物种类.docx”文档中所附内容）；将第一行的第三、四个单元格合并，设置表格所有内容字体大小为18磅、水平居中；设置表格样式为“中度样式1-强调5”。

（3）在第1张幻灯片中，插入艺术字样式为“填充-橄榄色，强调文字颜色3，粉状棱台”的艺术字，艺术字文字为“兴凯湖动物种类”，移动艺术字至表格下方，设置文本效果为“波形2”弯曲。

（4）在第2张幻灯片中，使用图片占位符插入“图片.jpg”图片，设置图片大小为11厘米宽，移动图片至幻灯片右侧中部；设置图片格式为10磅柔化边缘。

（5）在第2张幻灯片中，插入“声音.mp3”声音文件，声音图标置于幻灯片右下方。

（6）保存文件。

4．为演示文稿设置放映及切换方式。

（1）打开“兴凯湖松.pptx”文件，参照样张，完成以下操作。

（2）在第1张幻灯片中，设置标题中“兴凯湖”文字的超链接至“兴凯湖.docx”文档。

（3）在第2张幻灯片中，将左侧文本设置为“淡出”进入的动画效果，其效果选项设为“打字机”声音、快速；设置右侧SmartArt图形为“陀螺旋”强调的动画效果，并设置从“上一动画之后”开始、“整批发送”组合图形、延迟1秒。

（4）设置第3张幻灯片的切换为“溶解”，设置自动换片时间为2秒。

（5）隐藏第4张幻灯片。

（6）保存文件。

5．综合应用。

（1）打开“四季兴凯湖.pptx”文件，参照样张，完成以下操作。

（2）将“四季兴凯湖_1.pptx”文件中的第2～4张幻灯片，选择保留源格式，插入打开的演示文稿第1张幻灯片之后，再按“春夏秋冬”调整幻灯片顺序。

（3）在幻灯片母版视图中，删除未被使用的母版；在第1、2、4张幻灯片使用的相应版式母版中，将文本框的填充设置为“水滴”纹理填充效果。

（4）在第3张幻灯片中，将SmartArt对象格式设置为三维旋转，具体三维旋转预设效果为“等长顶部朝上”平行。

（5）保存文件。

# 学习项目十　绘图软件 Visio 应用

## 一、填空题

1．Visio模板文件的扩展名为________。

2．Visio模具文件的扩展名为________。

3．Visio绘图文件的扩展名为________。

4．________是一个容器，里面包括多种 Visio 绘图模具以及搜索形状窗口等。

5．________是相关形状的集合，单击________的标题栏可以显示用户要使用的各种形状。

6．________窗口用于改变形状的大小和位置，如果用户同时选择多个形状，通过修改“宽度”和“高度”的值可以同时改变多个图形的大小，也可以通过修改________和________的值来完成形状旋转。

7．________窗口用来显示形状相关的属性。

8．________主要显示选择形状的位置、角度、大小以及当前页/总页数信息。

9．按下________组合键可以保存正在编辑的 Visio 文档。

10．Visio 文档可以在________对话框中修改文档属性。

11．________是一组模具和绘图页的设置信息，是一种专用 Visio 绘图文件，是针对某种特定的绘图任务或样板而组织起来的一系列主控图形的集合。

12．Visio 形状按其行为方式分为________形状和________形状。

13．在 Visio 2007 中，形状与形状之间需要利用线条来连接，该线条被称作________。

14．组织结构图还可以从________中导入创建，如从 Excel 文档中导入。

15．在使用参考线绘图时，当形状与参考线重合时，重合位置的手柄是________色的，没有重合的手柄是________色的。

## 二、选择题

1．多部门协同工作时适合使用（　　）表示各部门的工作流程。

A．组织结构图　　B．基本框图　　C．甘特图　　D．跨职能流程图

2．Visio 2007 是（　　）公司的软件产品。

A．Oracle　　B．ATA　　C．Microsoft　　D．IBM

3．Visio 是一款优秀的（　　）软件。

A．操作系统　　B．辅助教学软件

C．办公绘图软件　　D．视频处理软件

4．Visio 2007 软件属于（　　）办公软件包。

A．Microsoft Office　　B．Adobe

C．Microsoft Visual Studio　　D．Macromedia

5．关于 Visio 2007 产品试用版本，下列说法正确的是（　　）。

A．只能使用有限的次数　　B．只能使用有限的天数

C．可以长期使用　　D．功能受限

6．当用户右击形状窗口的（　　）时可以选择改变形状显示方式的快捷菜单。

A．菜单栏　　B．标题栏　　C．工具栏　　D．状态栏

7．Visio 文档的“页面设置”对话框不包括（　　）选项。

A．打印设置　　B．页面尺寸　　C．页属性　　D．保存文档

8．二维形状处于选定状态时具有 8 个选择手柄，当拖动角部选择手柄时可以改变（　　）。

A．长度和宽度　　B．长度　　C．宽度　　D．高度

9．在组织结构图中可以通过（　　）对话框对组织结构进行布局。

A．大小和位置　　B．形状数据窗口

C．页面设置　　　　　　　　D．排列下属形状

10．在“水平跨职能流程图形状”模具中使用（　　）形状表示不同的部门。

A．流程　　　　　　　　B．水平跨职能流程图形状

C．职能带区　　　　　　　　D．分隔符

11．（　　）比较适合制定系统开发计划图。

A．组织结构图　B．甘特图　C．工作流程图　D．基本框图

12．甘特图中的里程碑表示日程中的（　　），而不是任务。

A．转折点　B．进度　C．时间　D．重要事件

13．在使用甘特图制定工作过程时，可以执行（　　）命令将当前任务变为前一任务的子任务，前一任务同时变为摘要任务。

A．降级　B．升级　C．转换　D．提升

14．在 Visio 系统中不可以使用（　　）连接其他形状。

A．一维形状　B．二维形状　C．动态连接线　D．直线

15．将 Visio 图形与 PowerPoint、Word、Excel 等整合时，采用（　　）方式意味着图形的复本将成为目标文件的一部分，在将 PowerPoint 和 Excel 移动到另一台计算机时不必附带绘图文件。

A．联合　B．粘贴为图片　C．链接　D．嵌入

三、判断题

1．在安装 Visio 2007 时不能改变程序的安装目录。（　　）

2．菜单栏位于 Visio 2007 程序的最上部。（　　）

3．一维形状处于选定状态时，如果移动起点或终点可以改变形状的长度。（　　）

4．一维形状最强大的行为在于能够连接两个其他形状。（　　）

5．控制手柄是形状具有特殊交互行为的唯一标志。（　　）

6．在甘特图中，如果为两个任务创建依赖关系，当更改另一个任务所依赖的任务日期或工期时，则依赖任务的日期不会随之更改。（　　）

7．将 Visio 图形与 PowerPoint、Word、Excel 等整合时，在将绘图的复本粘贴为图片后，还可以再使用 Visio 修订该复本。（　　）

8．为了便于用户使用，可以将 Visio 文档另存为 JPG 或 PNG 格式的图片。（　　）

9．不可以使用 Visio 软件绘制网络拓扑图。（　　）

10．在 Visio 软件中，模具是系统提供的，用户不可以自由创建。（　　）

# 参 考 答 案

## 学习项目一　认识计算机

### ★教材答案

#### 一、填空题

1．硬件系统；软件系统
2．主机；外设
3．解释；处理
4．北桥芯片；南桥芯片
5．随机存储器
6．1KB；1GB
7．VGA；DVI；HDMI；S 端子
8．液晶
9．输入数据
10．兼容机
11．体积小；散热困难

#### 二、选择题

1．C　2．D　3．B　4．A　5．A　6．C　7．D　8．B　9．B
10．B　11．D　12．C　13．D

#### 三、判断题

1．×　2．√　3．×　4．×　5．√　6．×　7．×　8．×

### ★习题答案

#### 一、填空题

1．Intel；AMD
2．9
3．刷新率
4．PCI-E-X16
5．显示芯片
6．主板；核心
7．火线接口；iLINK
8．RAM
9．单碟容量；碟片数
10．U 盘；移动硬盘
11．软网卡；硬网卡
12．1350
13．扫描部件的分辨率
14．立式机箱；卧式机箱
15．Cache
16．压电式；气泡式
17．运算器；控制器
18．激光打印机；激光打印机
19．内码；2
20．系统；应用
21．1024；1024
22．运算器；控制器
23．液晶显示器
24．构成元件
25．处理数据的方式
26．通用计算机；专用计算机

27．信息
28．软件系统
29．主板
30．位
31．RAM
32．ENIAC
33．运算器；控制器；存储器；输入设备；输出设备
34．4812.8
35．字节
36．机器语言
37．超大规模集成电路
38．字长
39．64
40．高速缓冲存储器

二、选择题

1．B　2．D　3．D　4．C　5．C　6．B　7．C　8．D　9．C
10．A　11．C　12．A　13．B　14．D　15．B　16．B　17．B　18．B
19．C　20．A　21．D　22．D　23．A　24．D　25．C　26．C　27．B
28．B　29．D　30．A　31．B　32．B　33．D　34．A　35．A　36．A
37．A　38．A　39．A　40．B　41．C　42．B　43．B　44．C　45．C
46．B　47．B　48．C　49．B　50．B　51．B　52．B　53．A　54．D
55．B　56．D　57．A　58．C　59．A　60．B　61．D　62．A　63．D
64．A　65．B　66．D　67．C　68．D　69．C　70．C　71．B　72．B
73．C　74．B　75．D　76．B　77．D　78．A　79．C　80．B　81．A
82．D　83．A　84．A　85．C　86．C　87．B　88．C　89．C　90．A
91．A　92．C　93．C　94．A　95．D　96．D　97．C　98．A　99．B
100．D　101．B　102．D　103．B　104．D　105．C　106．C　107．A　108．A
109．B　110．B　111．A　112．C　113．B　114．B　115．B　116．B　117．B
118．B　119．B　120．A　121．C　122．D　123．D　124．D　125．A　126．A
127．A　128．A　129．D　130．C

三、判断题

1．×　2．×　3．√　4．√　5．×　6．×　7．×　8．×　9．√
10．×　11．×　12．×　13．√　14．√　15．×　16．×　17．×　18．×
19．×　20．×　21．√　22．√　23．×　24．√　25．×　26．×　27．√
28．×　29．×　30．√

## 学习项目二　Windows 7 系统安装与操作

★教材答案

一、填空题

1．Administrator
2．组织；操作
3．Ctrl+A
4．大小
5．显示隐藏的文件、文件夹和驱动器
6．工具

7．标准型；科学型
8．范围键
9．疲劳；出错
10．Ctrl+Shift

二、选择题

1．C 2．A 3．B 4．A 5．D 6．C 7．B 8．D 9．C 10．A

三、判断题

1．√ 2．√ 3．× 4．× 5．√ 6．× 7．× 8．√

★习题答案

一、填空题

1．Alt+F4
2．Shift
3．磁盘清理
4．Num Lock
5．F1
6．65
7．获取帮助信息
8．屏幕键盘
9．.lnk
10．还原
11．5
12．回收站
13．*.txt
14．Ctrl+A
15．标题栏
16．标准型；科学型；程序员；统计信息
17．Alt+Tab
18．状态栏
19．标题栏
20．FAT32
21．剪贴板
22．F2
23．F3
24．exit
25．Shift 键
26．RTF
27．复制
28．删除
29．返回
30．显示隐藏的文件、文件夹和驱动器

二、选择题

1．A 2．D 3．A 4．B 5．C 6．B 7．A 8．A 9．B
10．B 11．C 12．B 13．A 14．A 15．D 16．C 17．B 18．C
19．C 20．A 21．D 22．A 23．D 24．B 25．B 26．A 27．C
28．C 29．C 30．C 31．B 32．D 33．A 34．B 35．B 36．D
37．D 38．C 39．C 40．C 41．A 42．D 43．B 44．D 45．D
46．C 47．A 48．C 49．C 50．B 51．D 52．D 53．C 54．A
55．D 56．D 57．A 58．B 59．B 60．A 61．C 62．D 63．A
64．D 65．B 66．B 67．C 68．B 69．D 70．B 71．A 72．D
73．B 74．A 75．C 76．D 77．C 78．D 79．A 80．B 81．B
82．C 83．C 84．A 85．C 86．A 87．A 88．D 89．D 90．C
91．A 92．B 93．B 94．C 95．A 96．A 97．B 98．C 99．B
100．A 101．A 102．B 103．A 104．C 105．A 106．B 107．A 108．A

109. C　110. B　111. A　112. C　113. A　114. A　115. C　116. B　117. B
118. A　119. A　120. D　121. D　122. C　123. A　124. B　125. B　126. C
127. A　128. A　129. D　130. D　131. D　132. D　133. C　134. C　135. B
136. D　137. A　138. B

三、判断题

1. ×　2. ×　3. √　4. √　5. √　6. ×　7. ×　8. √　9. √　10. √
11. ×　12. √　13. ×　14. √　15. √　16. √　17. √　18. ×　19. ×　20. √
21. ×　22. ×　23. √　24. √　25. ×　26. √　27. √　28. √　29. ×　30. √

## 学习项目三　计算机管理

★教材答案

一、填空题

1. 个性化窗口　　2. Ctrl+Shift+Esc

二、选择题

1. A　2. B　3. C　4. C

★习题答案

一、填空题

1. 主题　　2. 32 位
3. 填充、适应、拉伸、平铺、居中
4. 标准用户　管理员
5. 光盘安装　文件安装　绿色软件安装

二、选择题

1. C　2. B　3. C　4. A　5. C　6. B　7. D

三、判断题

1. √　2. ×　3. ×　4. ×　5. √　6. ×　7. √

## 学习项目四　大　数　据

★教材答案

一、选择题

1. B　2. C　3. D　4. A　5. C

## 二、填空题

1．数据分析
2．数据清洗
3．MapReduce
4．缺失值
5．HDFS
6．易扩展性
7．Hadoop

## 三、简答题

1．大数据分析方法有哪些类型？

（1）描述型分析，它能够告诉人们发生了什么。

（2）诊断型分析，人们通过它能够了解为什么会发生。

（3）预测型分析，通过它，人们能够预测可能发生什么。

（4）指令型分析，它可以让人们知道下一步怎么做。

2．什么是大数据可视化？

大数据可视化技术是指运用计算机图形学和图像处理技术，将数据转换为可以在屏幕上显示出来进行交互处理的方法和技术。其本质是借助于图形化手段，清晰有效地传达与沟通信息。大数据可视化最常用的表现形式是统计图表，常用的统计图表包括折线图、柱状图、饼图、散点图、雷达图以及仪表图等。

数据可视化随着平台的拓展、应用领域的增加，表现形式不断变化，从原始的统计图表到不断增加的诸如实时动态效果、地理信息、用户交互等。数据可视化的应用范围也在不断扩大。

3．维克托·迈尔·舍恩伯格及肯尼斯·库克耶在他们编写的《大数据时代：生活、工作与思维的大变革》一书中是如何描述大数据的？

大数据带来的信息风暴正在变革人们的生活、工作和思维。大数据开启了一次重大的时代转型，这颠覆了千百年来人类的思维惯例，对人类的认知和与世界交流的方式提出了全新的挑战。他们认为，大数据将为人类的生活创造前所未有的可量化的维度。大数据已经成为新发明和新服务的源泉，而更多的改变正蓄势待发。

4．常见的大数据可视化工具有哪些？

（1）Excel。

（2）ECharts。

（3）Tableau。

（4）Matplotlib。

（5）Seaborn。

（6）pyecharts。

5．简述各个机构对大数据的定义。

百度百科对大数据的定义：大数据指无法在可承受的时间范围内用常规软件工具进行捕捉、管理和处理的数据集合，是需要新处理模式才能具有更强的决策力、洞察发现力和流程优化能力的海量、高增长率和多样化的信息资产。

维基百科对大数据的定义：大数据又称巨量资料，指的是传统数据处理应用软件不足以处理的大或复杂的数据集。

麦肯锡全球研究所对大数据的定义：一种规模大到在获取、存储、管理、分析方面大大超出了传统数据库软件工具能力范围的数据集合，具有海量的数据规模、快速的数据流转、多样的数据类型和价值密度低四大特征。

研究机构 Gartner 对大数据的定义：大数据是需要新处理模式才能具有更强的决策力、洞察发现力和流程优化能力来适应海量、高增长率和多样化的信息资产。

6．简述大数据预处理主要分为哪几个步骤，各个步骤的主要作用

大数据预处理主要分为 4 个步骤：数据清洗、数据集成、数据规约和数据变换

（1）数据清洗的目的在于提高数据质量，将脏数据清洗干净，使原数据具有完整性、唯一性、权威性、合法性、一致性等特点。

（2）数据集成是将相互关联的分布式异构数据源集成到一起，使用户能够以透明的方式访问这些数据源。

（3）数据规约的目的就是从原有庞大数据集中获得一个精简的数据集合，并使这一精简数据集保持原有数据集的完整性，这样在精简数据集上进行数据挖掘显然效率更高，并且挖掘出来的结果与使用原有数据集所获得的结果是基本相同的。

（4）数据变换是指对数据进行变换处理，使数据更适合当前任务或者算法的需求，其主要目的是将数据转换或统一成易于进行数据挖掘的数据存储形式，使得挖掘过程可能更有效。

7．大数据目前应用最为广泛的是哪几个方面？

（1）电子商务：目前，电子商务已经超过了传统的零售模式，成为大众主流的消费方式之一。

（2）金融：金融机构的作用就是解决资金融通双方信息不对称问题。大数据技术中的对信息进行挖掘分析的功能，在金融领域当中能够有效促进行业的健康发展，增加市场份额，提升客户忠诚度，提升整体收入，降低金融风险。目前大数据在金融领域主要应用于风险评估和市场预测等。

（3）医疗：从挂号开始，医院便将个人姓名、年龄、住址、电话等信息输入数据库；面诊过程中病患的身体状况、医疗影像等信息也会被录入数据库；看病结束以后，费用信息、报销信息、医保使用情况等信息也被添加到数据库里面。这就是医疗大数据最基础、最庞大的原始资源。这些数据可以用于临床决策支持，如用药分析、药品不良反应、疾病并发症、治疗效果相关性分析，或者用于疾病诊断与预测，或者制定个性化治疗方案。对医疗数据进行管理、整合、分析、预测，能够帮助医院进行更有效的决策。

## ★习题答案

### 一、选择题

1．D 2．A 3．C 4．D 5．C

### 二、填空题

1．准确性　　2．大数据可视化

3．转换　　4．无关性

5．SQL-LIKE 语言

三、简答题

1．数据量大 Volume，数据类型繁多 Variety，处理速度快 Velocity，价值密度低 Value，数据准确性 Veracity。

2．在信息存储方面，来自斯威本科技大学（Swinburne University of Technology）的研究团队，在 2013 年 6 月 29 日刊出的《自然通讯（Nature Communications）》杂志的文章中，描述了一种全新的数据存储方式，可将 1PB（1024TB）的数据存储到一张仅 DVD 大小的聚合物碟片上。在信息处理方面，CPU 处理能力大幅提升；在信息传输方面，网络带宽不断增加。

# 学习项目五　人 工 智 能

★教材答案

一、选择题

1．B　2．C　3．D　4．B　5．A

二、填空题

1．MP 模型　　2．图灵测试

3．监督学习、无监督学习、半监督学习、强化学习

三、简答题

1．列举人工智能的 5 个应用领域。

人机对话、智能金融、智能医疗、智能安防、自动驾驶。

2．简述人工神经网络的主要特征。

（1）能较好地模拟人的形象思维。

（2）具有大规模并行协同处理能力。

（3）具有较强的学习能力。

（4）具有较强的容错能力和联想能力。

（5）是一个大规模自组织、自适应的非线性动态系统。

3．试对各种不同的机器学习算法进行比较，并分析它们各自的适用场合。

在监督学习下，输入数据被称为“训练数据”，　每组训练数据有一个明确的标识或结果；在无监督学习下，使用的数据是没有标记过的，即不知道输入数据对应的输出结果是什么；在半监督学习下，只有一小部分输入数据是标记过的，而大部分是没有标记的；在强化学习下，使用未标记的数据，输入数据直接反馈到模型，模型必须对此立刻做出调整。

在企业数据应用的场景下，人们最常用的可能就是监督学习和无监督学习的模型；在图像识别等领域，由于存在大量的非标识数据和少量的可标识数据，半监督学习被广泛应用；而强化学习则更多地应用在机器人控制及其他需要进行系统控制的领域。

★习题答案

一、选择题

1．A　2．A　3．B　4．A　5．D

二、填空题

1．人工智能　　2．机器学习

3．动量法　　4．反馈

5．质量、数量

三、简答题

1．人工智能（Artificial Intelligence，AI）。

2．人工智能是指通过计算机程序来模拟、延伸和扩展人类智能的计算机科学领域。

3．人工智能是指让机器具有自主思考和决策能力的一类计算机程序；而机器学习是一种人工智能技术，它可以帮助计算机根据历史数据和现有知识学习新知识并自主决策。

4．人工智能的应用领域包括自动驾驶、聊天机器人、语音识别、计算机视觉、机器人、自然语言处理等。

5．人工智能常用的技术包括机器学习、深度学习、知识表示和推理、自动机、模式识别和计算机视觉等。

6．人工智能的三个层次包括：低层次的“模拟思考”、中层次的“表示学习”和高层次的“解决问题”。

# 学习项目六　区　块　链

★教材答案

一、选择题

1．B　2．ABCD　3．A　4．AC　5．B

二、填空题

1．1.0 模式、2.0 模式、3.0 模式

2．公有链、私有链、联盟链

3．分布式账本、密码算法、智能合约、共识机制

三、简答题

区块链网络中设有多条链，每条链都具有自己的账本并在物理上实现数据隔离，可以实现自己独有的业务。HF 相对于公有链技术的另一大特点为采用了“执行一排序一验证一提交”模型，更好地扩充了 HF 平台的扩展性和灵活性。

★习题答案

一、选择题

1．B　2．C　3．D　4．C

二、填空题

1．分布式数据库存储、点对点传输、共识机制、加密算法

2．数据共享、优化业务流程、降低运营成本、建设可信社会

3．去中心化、共识性、不可篡改性、可追溯性、可编程性

三、简答题

1．区块链（Blockchain）作为一种新型的技术，是一种按时间顺序将数据区块以顺序相连的方式组合成的一种链式数据结构，并以密码学方式保证不可篡改和不可伪造的分布式账本。

2．区块链具有的特性：去中心化、共识性、不可篡改性、可追溯性、可编程性。

3. 区块链分为三类：公有链、私有链、联盟链。

# 学习项目七　文字处理软件 Word 应用

★教材答案

一、填空题

| | |
|---|---|
| 1．阅读版式视图 | 2．选定全文 |
| 3．单元格 | 4．命令 |
| 5．撤销、撤销 | 6．字体 |
| 7．大、小 | 8．页眉或页脚 |
| 9．选择文本对象 | 10．插入、符号 |
| 11．页面布局、纸张方向 | 12．500% |
| 13．操作系统 | 14．插入、页码 |
| 15．标题 | 16．页面视图 |
| 17．状态栏 | 18．左上角 |
| 19．大 | 20．执行“剪切”命令 |

二、选择题

| | | | | | | | | |
|---|---|---|---|---|---|---|---|---|
| 1. D | 2. A | 3. C | 4. B | 5. C | 6. C | 7. C | 8. C | 9. A |
| 10. D | 11. A | 12. D | 13. A | 14. A | 15. C | 16. A | 17. B | 18. C |
| 19. D | 20. A | 21. B | 22. D | 23. C | 24. A | 25. D | 26. A | 27. B |
| 28. C | 29. A | 30. C | 31. B | 32. D | 33. C | 34. A | 35. B | 36. D |
| 37. D | 38. B | 39. D | 40. A | 41. B | 42. D | 43. A | 44. C | 45. A |
| 46. C | 47. C | 48. D | 49. A | 50. C | | | | |

# 学习项目八　电子表格软件 Excel 应用

★教材答案

一、填空题

| | |
|---|---|
| 1．1048576 | 2．绝对引用 |

3．文档保存　　4．单元格
5．三　　6．左对齐
7．等号　　8．18
9．返回参数列表中参数最小值　　10．.xlsx

二、选择题

| | | | | | | | | |
|---|---|---|---|---|---|---|---|---|
| 1．C | 2．C | 3．B | 4．C | 5．D | 6．B | 7．B | 8．A | 9．B |
| 10．C | 11．D | 12．A | 13．B | 14．B | 15．C | 16．B | 17．D | 18．C |
| 19．A | 20．C | 21．B | 22．D | 23．A | 24．B | 25．C | 26．A | 27．B |
| 28．D | 29．C | 30．B | 31．D | 32．C | 33．C | | | |

# 学习项目九　演示文稿软件 PowerPoint 应用

★教材答案

一、填空题

1．空白演示文稿，样本模板，主题　　2．potx，pptx
3．备注　　4．普通
5．文本框　　6．超链接
7．普通视图，幻灯片浏览视图，阅读视图，备注页
8．演讲者放映，观众自行浏览　　9．Ctrl
10．另存为　　11．F4
12．标题，副标题　　13．母版
14．幻灯片母版、讲义母版、备注母版　　15．日期区，数字区
16．循环放映　　17．打印
18．动画，添加动画

二、选择题

| | | | | | | | | |
|---|---|---|---|---|---|---|---|---|
| 1．D | 2．C | 3．B | 4．D | 5．C | 6．A | 7．D | 8．B | 9．D |
| 10．C | 11．A | 12．B | 13．B | 14．D | 15．D | 16．D | 17．B | 18．A |
| 19．A | 20．A | 21．D | 22．D | 23．B | 24．C | 25．A | 26．B | 27．D |
| 28．D | 29．B | 30．D | | | | | | |

# 学习项目十　绘图软件 Visio 应用

★教材答案

一、填空题

1．大小与位置　　2．形状数据

3．二维形状
4．形状
5．连接符
6．嵌入；链接；粘贴为图片

二、选择题

1．B　2．A　3．A　4．C

★习题答案

一、填空题

1．.vst
2．.vss
3．.vsd
4．形状窗口
5．模具；模具
6．大小与位置；旋转中心点位置；角度
7．形状数据
8．状态栏
9．Ctrl+S
10．属性页面设置
11．模板
12．一维；二维
13．连接符
14．外部数据源
15．红；绿

二、选择题

1．D　2．C　3．C　4．A　5．A　6．C　7．D　8．A　9．D
10．C　11．B　12．D　13．A　14．B　15．D

三、判断题

1．×　2．×　3．√　4．√　5．×　6．×　7．×　8．√　9．×　10．×